KB179716

가르쳐주세요!

원 에 대해서

가르쳐주세요!

원에 대해서

ⓒ 김은영, 2007

초 판 1쇄 발행일 2007년 11월 10일
개정판 1쇄 발행일 2017년 4월 20일

지은이 김은영   삽화 김희정
펴낸이 김지영   펴낸곳 지브레인^{Gbrain}
마케팅 조명구   제작 · 관리 김동영

출판등록 2001년 7월 3일 제2005-000022호
주소 04047 서울시 마포구 어울마당로 5길 25-10 유카리스티아빌딩 3층
전화 (02)2648-7224   팩스 (02)2654-7696

ISBN 978-89-5979-374-7 (04410)
      978-89-5979-422-5 (04400) SET

▼ 아르키메데스 노벨상 수상자와 TALK 1 합시다

가르쳐주세요!

원에 대해서

김은영 지음 **김희정** 그림

지브레인

노벨상의 주인공을 기다리며

『노벨상 수상자와 **TALK** 합시다』 시리즈는 제목만으로도 현대 인터넷 사회의 노벨상급 대화입니다. 존경과 찬사의 대상이 되는 노벨상 수상자 그리고 수학자들에게 호기심 어린 질문을 하고, 자상한 목소리로 차근차근 알기 쉽게 설명하는 책입니다. 미래를 짊어지고 나아갈 어린이 여러분들이 과학 기술의 비타민을 느끼기에 충분합니다.

21세기 대한민국의 과학 기술은 이미 세계화를 이룩하고, 전통 과학 기술을 첨단으로 연결하는 수많은 독창적 성과를 창출해 나가고 있습니다. 따라서 개인은 물론 국가와 민족에게도 큰 긍지를 주는 노벨상의 수상자가 우리나라의 과학 기술 분야에서 곧 배출될 것으로 기대되고 있습니다.

우리나라의 현대 과학 기술력은 세계 6위권을 자랑합니다. 국제 사회가 인정하는 수많은 훌륭한 한국 과학 기술인들이 세계 곳곳에서 중추적 역할을 담당하며 활약하고 있습니다.

우리나라의 과학 기술 토양은 충분히 갖추어졌으며 이 땅에서 과학의 꿈을 키우고 기술의 결실을 맺는 명제가 우리를 기다리고 있습니다. 노벨상 수상의 영예는 바로 여러분 한명 한명이 모두 주인공이 될 수 있는 것입니다.

『노벨상 수상자와 TALK 합시다』는 여러분의 꿈과 미래를 실현하기 위한 소중한 정보를 가득 담은 책입니다. 어렵고 복잡한 과학 기술 세계의 궁금증을 재미있고 친절하게 풀고 있는 만큼 이 시리즈를 통해서 과학 기술의 여행에 빠져 보십시오.

과학 기술의 꿈과 비타민을 듬뿍 받은 어린이 여러분이 당당히 '노벨상'의 주인공이 되고 세계 인류 발전의 주역이 되기를 기원합니다.

국립중앙과학관장 공학박사 **조청원**

필즈상은

수학의 노벨상 '필즈상'

자연과학의 바탕이 되는 수학 분야는 왜 노벨상에서 빠졌을까요? 노벨이 스웨덴 수학계의 대가인 미타크 레플러와 사이가 나빴기 때문이라는 설, 발명가 노벨이 순수수학의 가치를 몰랐다는 설 등 그 이유에는 여러 가지 설이 있어요.

그래서 1924년 개최된 국제 수학자 총회(ICM)에서 캐나다 출신의 수학자 존 찰스 필즈(1863~1932)가 노벨상에 버금가는 수학상을 제안했어요. 수학 발전에 우수한 업적을 성취한 2~4명의 수학자에게 ICM에서 금메달을 수여하자는 것이죠. 필즈는 금메달을 위한 기초 자금을 마련하면서, 자기의 전 재산을 이 상의 기금으로 내놓았답니다. 필즈상은 현재와 특히 미래의 수학 발전에 크게 공헌한 수학자에게 수여됩니다. 그런데 수상자의 연령은 40세보다 적어야 해요. 그래서 필즈상은

필즈상 메달

노벨상보다 기준이 더욱 엄격하지요. 이처럼 엄격한 필즈상을 일본은 이미 몇 명의 수학자가 받았고, 중국의 수학자도 수상한 경력이 있어요. 하지만 안타깝게도 아직까지 우리나라에서는 필즈상을 받은 수학자가 없답니다.

어린이 여러분! 이 시리즈에 소개되는 수학자들은 시대를 초월하여 수학 역사에 매우 큰 업적을 남긴 사람들입니다. 우리가 학교에서 배우는 교과서에는 이들이 연구한 수학 내용들이 담겨 있지요. 만약 필즈상이 좀 더 일찍 설립되었더라면 이 시리즈에서 소개한 수학자들은 모두 필즈상을 수상했을 겁니다. 필즈상이 설립되기 이전부터 수학의 발전을 위해 헌신한 위대한 수학자를 만나 볼까요? 선생님은 여러분들이 이 책을 통해 훗날 필즈상의 주인공이 될 수 있기를 기원해 봅니다.

여의초등학교 이운영 선생님

아르키메데스 Archimedes

B.C. 287~B.C. 212

아르키메데스는 기원전 시칠리아 섬에 있는 시라쿠사라는 도시에서 태어났어요. 아르키메데스의 아버지가 천문학자였기 때문에 어렸을 때부터 별을 보거나 천문학에 대해 공부하는 것을 좋아했죠. 그 관심은 자연스럽게 수학, 과학으로 전해져 많은 업적을 남기게 되었습니다.

아르키메데스는 특히 기하학에 관심이 많았어요. 원, 구, 원기둥, 원뿔 그 외의 입체도형의 여러 가지 성질에 대해서 연구했답니다. 그뿐만 아니라 지레와 도르래에 대한 연구도 했는데, 그 당시에 지레와 도르래는 이미 많이 사용하고 있었지만 이것과 관련된 수학적 원리를 체계적으로 발표한 사람은 아르키메데스가 최초였죠.

아르키메데스는 지레의 원리를 발견한 뒤 "내가 서 있

을 자리만 준다면 지구를 들어올리겠다"라고 말해서 지레에 대한 연구 결과를 사람들에게 알렸어요. 그리고 욕조에서 뛰쳐나와 '유레카'를 외쳤던 일화로도 유명합니다. 부력에 관한 연구도 열심히 하여 물에 뜨는 물체인 '부체'에 대해 많은 사실들을 밝혀냈던 것도 아르키메데스였죠.

아르키메데스는 시라쿠사의 왕인 히에론의 총애를 받았어요. 왕이 그의 우수함을 미리 알아보았나 봐요. 그래서 자신의 도시가 로마군에게 위협받을 때, 아르키메데스의 뛰어난 수학적 지식과 과학적 원리로 여러 가지 전쟁무기를 개발하여 도시를 지키기 위해 애썼지요. 이처럼 아르키메데스는 딱딱한 수학자가 아닌 자신이 발견한 원리들을 생활 속에 활용하고, 생활 속에 필요한 것들을 연구하는 실용성을 추구하는 학자였답니다.

그가 개발한 것에는 땅 밑의 물을 퍼 올려 농사에 도움을 주는 '아르키메데스의 스크루', 어마어마한 크기의 돌을 떨어뜨려 공격할 수 있는 투석기, 적군의 배를 번쩍 들어 부수어 버리는 기중기, 빛을 모아서 적지를 태워 버리는 볼록렌즈 등 많은 것들이 있답니다. 그래서 그 시절에는 그를 발명가라고 부르기도 하고, 뛰어난 전술 전략가로 부르기도 했답니다.

아르키메데스는 오늘날에 와서 가우스, 뉴턴과 함께 3대 수학자로 손꼽히고 있어요. 그리고 후대 사람들이 말하길 '그가 뉴턴이나 아인슈타인 시대 때 태어나서 함께 연구했다면 지금 우리는 다른 세상을 살고 있을 것이다'라고 합니다. 이 얘기는 아르키메데스는 기원전 사람으로, 그 당시 알려져 있는 지식이 아주 적었는데도 2000년 뒤에 정리된 이론이나 개념을 자유자재로 사용했다는 것입니다. 그 예로는 '실진법'이 '적분'의 기초가 된 것, 곡선에 접선을 그어 '미분'의 기초를 제공한 점 등이 있어요.

아르키메데스는 그리스 시대 수학에 있어서 중요한 획을 그은 사람입니다. 왜냐하면 그가 발견한 것들을 우리는 아직까지 사용하고 있기 때문입니다. 몇 천 년 동안 더 좋은 방법이나 틀린 점이 없다는 얘기이죠. 그 시절 제한된 지식만 가지고도 많은 것에 대해 연구한 그가 정말 놀랍지 않나요?

이제 아르키메데스와의 채팅을 통해서 그의 머릿속에서는 어떤 생각들이 전개되었는지를 알아보자고요!

차례

제**1**장

아르키메데스!
당신은 과학자인가요? 수학자인가요? · 15

제**2**장

π 와 원주율, 3.14…는 무엇인가요? · 29

제**3**장

원주율이 3.14…라는 것은 어떻게 알았나요? · 47

제**4**장

내가 탄 자전거 바퀴가
한 번 돌면 얼마만큼 움직인 거죠? · 65

제**5**장

원의 넓이는 '원주율×반지름×반지름'이란 공식의
의미를 알려 주세요. · 77

제01장

아르키메데스!
당신은 과학자인가요?
수학자인가요?

교과 연계

- 과학자이자 수학자였던 아르키메데스
- 아르키메데스의 수학적 업적
- 아르키메데스의 학문은 궁금증과 성실에서 비롯됐다.

학습 목표

아르키메데스는 일상생활에서 이용할 수 있는 학문이 되도록 노력했는데 그가 발명한 발명품과 수학적 업적에 대해서 알아본다. 그리고 기하학 분야와 관련하여 지레의 법칙, 무게중심, π의 값, 구의 부피와 겉넓이 등 오늘날에도 사용하는 개념의 기초를 세운 아르키메데스의 천재성을 엿본다.

한샘 아르키메데스 아저씨, 욕조에서 '유레카'를 외치셨던 분 맞죠? 과학책에서 읽었던 것 같아요. 그런데 이번엔 수학의 매력을 알려 주신다고요? 과학자 아니었어요?

아르키메데스 아직 나에 대해서 잘 모르는군요. 나는 과학자이면서, 수학자, 기술자, 발명가였어요. 내가 살던 시절에는 대부분의 사람들이 나를 수학자라고 불렀답니다. 다만 여러분이 기억하고 있듯이 왕관이 순금으로 만들어졌는지, 금과 은이 섞여 있는지를 구별해내는 에피소드가 세상에 알려지면서 과학에 관해 내가 했던 일들이 유명해진 것이지요. 사실은 난 수학을 매우 좋아했으며 수학에 관해 공부하는 것을 즐겼어요.

그리고 내가 살던 고대 그리스 시대에는 학문의 구별이 오늘날처럼 국어, 수학, 사회, 과학으로 정확히 구별되어 있지 않았어요. 그리고 수학과 과학은 특히 서로 떼어놓고 생각하기 더 어렵죠. 왜냐하면 수학이 바탕이 되어야 과학이라는 학문이 빛을 볼 수 있거든요. 또 과학의 발달된 기술이 수학

을 더 빛나게 해 주죠. 난 그런 수학과 과학을 함께 연구했던 것이지요. 그러다 보니 수학과 관련된 과학 발명품들도 만들게 되었어요. 그중에는 지레나 나사 모양의 물을 퍼 올리는 펌프 같은 것들이 있어요. 그래서 사람들은 나를 과학자, 수학자, 기술자, 발명가라고 부르는 것이죠.

한솔 그렇다면 아저씨의 성격은 어떠했어요? 그저 평범하게 연구만 하는 사람이었다면 오늘날 제가 아저씨와 대화를 나누고 있진 않을 것 같은데요.

아르키메데스 나는 뉴턴이나 가우스처럼 어렸을 때부터 천재로 대접받지는 않았어요. 그저 수학이 좋았거든요. 일생을 돌이켜본다면, 단 하루도 빠짐없이 수학적 발견들을 위해 노력했던 것 같아요.

그리고 난 내가 연구하는 부분이 내 삶에서 이익이나 명예를 가져다 줄 것이란 기대를 하며 연구한 적이 없어요. 정말 궁금했을 뿐이고, 해결하고 싶었을 뿐이었죠. 내가 생각할 때 모든 현상이나 사물에 대해 진지하고 성실하게 연구했던 점이 내가 지금 한서 학생과 얘기하는 이유인 것 같네요. 어른들은 '성실'을 항상 중요하게 말씀하시잖아요. 나의 경우에도 '성실'이 아주 큰 몫을 했죠.

난 내가 발견했던 규칙이나 원리를 다른 사람들과 나누는 것을 좋아했어요. 왜냐하면 내가 발견한 것들이 다른 수학자들에게 더 큰 것을 발견할 수 있는 밑거름이 될 수 있을 거라는 생각에 항상 행복했거든요. 물론 그 친구들 또한 내가 수학을 연구하는 데 많은 도움을 주었지요. 나눌 때 내 것은 두 배가 되는 것 같아요. 특히 수학의 지식처럼 나누어도 내 것이 줄어들지 않는 것은 더욱더 말이죠.

그리고 난 궁금증이 생기면 해결될 때까지 매우 끈질기고 집요하게 연구하고 몰두했죠. 또 문제에 몰두해 있는 시간만큼은 방해받고 싶지 않았죠. 이 점은 내가 죽을 당시 상황을 보면 잘 알 수 있을 거예요.

BC 212년에 로마가 내가 살고 있던 시라쿠사를 침범해 왔어요. 난 그때 수학 문제를 풀고 있느라 로마군이 내 앞에 와 있는 것도 몰랐죠. 로마군이 내 앞에서 칼을 뽑아들고 어

딘가로 가자고 했어요. 하지만 난 문제를 다 풀지 못 해 문제를 풀기 전에는 갈 수 없다고 대답했어요. 화가 난 로마군은 나를 죽이려 했고, 난 그에게 문제를 마저 풀 수 있도록 해 달라고 간청했어요. 하지만 로마군은 용서해 주지 않았고 그래서 그의 손에 죽게 되었죠. 그만큼 한 문제를 풀기 시작하면 다른 것들은 신경 쓸 수가 없었어요.

이와 같은 문제에 대한 집중력 때문에 수학에 대해 많은 것들을 발견할 수 있었던 것 같군요.

한서 학생이 질문한 것에 답이 되었는지 모르겠네요. 여러분들도 나와 같이 자신의 주관을 가지고 끈기 있게 문제에 파고들어 보세요. 그러면 더 많은 사실과 개념들이 눈에 보일 거예요. 그럼 나보다 더 유명한 수학자가 될 수도 있잖아요? 그때는 내 이름이 잊혀져도 속상하지 않을 것 같네요.

한서 왜 그렇게 수학을 좋아하셨어요? 다른 과목들도 흥미 있는 것이 많았을 텐데 말이에요.

아르키메데스　사실은 수학만을 즐겨했던 것은 아니에요. 아까 얘기한 것처럼 내 이름 앞에는 수학자, 과학자, 기술자, 발명가 등의 호칭이 붙는다고 했죠? 하지만 수학을 좀 더 좋아했던 것은 사실이에요. 가장 큰 영향은 아버지한테서 찾을 수 있죠.

나의 아버지는 천문학자였어요. 그래서 어렸을 때부터 아버지 옆에서 별을 보고, 그 거리나 크기에 대해서 막연하게 궁금해 했었죠. 그것을 알아내고자 고민하다가 수학의 매력

아버지, 저 별은 얼마나 멀리 있나요?

에 빠졌나 봐요.

한서 학생은 혹시 수학 좋아하나요? 수학이라는 학문만큼 생활에 많이 적용되는 것이 있을까요? 난 수학이라는 학문은 아름답다고 생각해요. 그리고 그 아름다움을 실생활에 적용시켜야 그 아름다움을 뽐낼 수 있다고 믿었죠.

그래서 수학을 최대한 생활에 직접 사용할 수 있도록 노력했어요. 전쟁터의 무기나 전술, 땅속 물을 퍼 올리는 펌프, 무거운 물건을 들어 올리는 기중기 등을 개발하게 된 것도 이 때문이죠.

한서 학생도 수학시간에 배운 것을 실제 생활에 사용했을 때 보람을 느끼지 않나요? 슈퍼에서 물건 값을 비교하거나, 피자를 똑같은 크기로 나눌 때 말이에요. 이런 작은 것도 전부 수학의 힘에서 나오는 거랍니다.

한서 아르키메데스 아저씨, 그렇다면 아저씨가 발견한 수학 원리나 개념에는 어떠한 것들이 있나요?

아르키메데스 　수학의 여러 분야 중에서도 토지의 측량이나 분배를 하는 데 도움이 되는 기하학 분야에 가장 관심이 많았어요. 그래서 틈만 나면 굳어 있는 기름 위, 모랫바닥, 먼지가 쌓인 벽면에 도형을 그리곤 했죠. 한 번은 정말 골똘히 생각하면서 바닥에 여러 도형을 그렸는데, 그때 사람이 지나가려 하자, "나의 도형을 밟지 마시오"라고 말했어요. 나를 연구했던 사람들 사이에서는 이 얘기가 아주 인상 깊었는지 자주 이야깃거리가 되었죠.

난 정말 도형을 좋아했어요. 단순한 평면도형부터 부피를 가지는 입체도형까지 알면 알수록 매력 있는 것 같아요. 이

런 도형들의 특징이나 성질을 연구하는 데 시간을 많이 썼죠. 그중에서 대표적인 것만 소개할게요. 그리고 더 궁금한 것이 있다면 언제든지 질문해요. 난 다른 사람에게 내가 발견한 것들을 알려 주는 것이 행복한 사람이거든요.

먼저, 지레의 법칙을 발견했어요. 무게가 다른 두 물체를 지렛대에 올려놓고 수평을 맞추는 방법 말이에요. 과학시간에 나오는 내용이지만 난 이것을 여러 가지 도형의 특징을 설명하는 데 이용했죠. 이 지레의 법칙을 토대로 해서 평행

사변형, 삼각형, 사다리꼴의 무게중심을 찾았답니다. 무게중심은 어떤 물건을 한 손가락으로 들 수 있는 점을 말하는 것이랍니다. 그야말로 도형 무게의 중심인 거죠.

또 고대 학자들부터 궁금해 하던 원주율의 값, 즉 현대에서 쓰는 약 '3.14'를 처음으로 정의해 내었지요. 이것을 통해 원의 둘레와 넓이를 구했어요. 그리고 특히 입체도형에 관심이 많았어요. 그래서 구의 겉넓이와 부피를 구하는 방법도 증명해냈죠. 지금 쓰이는 공식과는 거리가 있지만 그래도 내 생각이 그 사람들에게 많은 도움을 주었다고 생각해요.

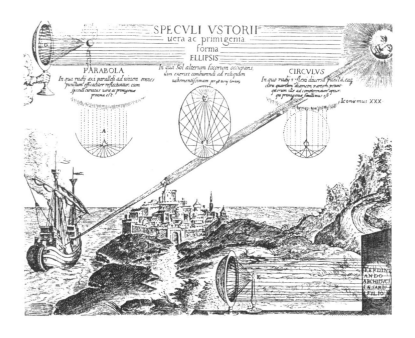

또한 포물면과 쌍곡면, 반구면을 이용해 거울과 렌즈를 발명했는데 이것을 이용해 태양빛을 반사시켜 적의 배에 불을 붙여 불태우기도 했습니다.

그리고 포물선 안쪽의 넓이, 물 위에 떠 있는 물체의 무게 중심과 잘려나간 구의 조각을 물 위에 띄우는 방법, 뒤집어진 물체를 바로잡아 띄우는 방법 등을 연구했어요. 물론 내가 연구한 방법이 오늘날의 수학보다 복잡하고 어렵게 느껴지겠지만 내가 살던 시대에 알고 있던 사실만 가지고는 최선을 다했다고 생각해요.

오늘날의 발달된 수학, 과학을 보았을 때 '많은 사람들이 노력했구나!'라는 생각이 들어서 참 뿌듯하답니다. 여러분이 오늘 발견한 한 가지가 미래의 백만 가지가 될 수 있다는 걸 명심해요. 한서 학생! 무언가를 발견하는 것은 정말 매력 있지 않나요?

- 아르키메데스는 자신이 연구한 문제에 있어서만큼은 높은 집중력과 끈기가 돋보이는 사람이었다.

- 아르키메데스는 그리스 시대에 살던 사람으로 수학을 순수한 학문을 넘어서 일상생활에 활용되는 학문이 될 수 있도록 노력한 사람이다. 그는 수학을 기반으로 해서 여러 발명품과 무기 등을 만들었다. 그는 우리가 흔히 생각하는 딱딱한 수학자가 아니라 기술자이면서 발명가였으며, 많은 일들을 해낸 사람이다.

- 아르키메데스는 수학의 여러 영역 중 도형, 즉 기하학 분야에 관심이 많았으며 이와 관련하여 지레의 법칙, 무게중심, π의 값, 구의 부피와 겉넓이 등 오늘날 많이 사용하는 개념의 기초를 세운 인물이었다.

제02장

π와 원주율,
3.14…는 무엇인가요?

☑ 교과 연계

초등 3-2 | 3단원 : 도형
초등 6-2 | 4단원 : 원과 원기둥
중등 1 | 원뿔, 원기둥, 구의 겉넓이와 부피

☑ 학습 목표

아르키메데스가 최초로 계산한 원주율의 근사값인 '3.14'는 그리스 문자 'π'로 쓰고 '파이'라고 읽는데 현대 생활과 여러 학문에 사용되고 있다. 그렇다면 원주율이 무엇인지 알아보고 원의 중심과 원의 둘레 등 원의 특성에 대해서 이해한다.

한시 도형을 좋아한다고 하셨죠? 그럼 특별히 더 좋아했던 도형이 있었나요?

아르키메데스 특별히 좋아했던 도형이라…….

난 '원'이라고 대답하고 싶군요. 난 원이 매우 아름답다고 생각해요. 어느 하나 모난 곳이 없잖아요? 그래서 사람들이 원을 '완전한 도형'이라고 부르기도 했죠. 내가 살던 시대 사람들은 원을 아주 좋아했어요. 왜냐하면 해와 달, 눈동자, 해바라기 꽃, 식물의 줄기를 자른 단면 등과 같이 주

변에 원으로 된 것 투성이었거든요. 지금도 우리 주변엔 동그란 모양이 많죠? 동전, 건물의 기둥, 화장품 통, 구슬, 도장 모양 등등. 이처럼 옛날부터 자연을 비롯하여 사람들 주변에는 동그란 모양이 많았어요.

그렇다면 원에 대해서 한번 자세히 알아볼까요? 위에서 말했듯이 원은 어느 하나 모난 곳이 없어요. 즉, 각이 없다는 것이죠. 그리고 평면도형이기 때문에 높이나 부피를 갖지 않죠. 그야말로 종이 위에 연필로 그린 도형이 되는 거예요. 그렇다면 이런 원은 어떻게 그릴까요? 완성되어 있는 원을 보고 그 방법을 한번 찾아보자고요!

지금 여러분들 주변에 원이 있나요? 뭐, 동전도 좋고, 접시도 좋아요. 원이 준비되었다면, 원에서 가장 가운데 점을 찾을 수 있겠어요? 그것을 '원의 중심'이라고 해요. 우리가 피자를 먹을 때 한 가운데 말이에요. 이제 원의 둘레, 즉 가장자리에 점을 여러 개 찍고 원의 중심에서 각 점들까지의 길이를 재어 보세요. 어떤가요? 길이가 모두 같죠? 이것이 원의 가장 큰 특징이라고 할 수 있어요. 바로 원의 중심에서 원의 가장자리까지의 길이는 같죠.

그렇다면 이제 원을 그리는 방법에 대해서 떠올랐나요? 그렇죠! 원의 중심이 될 한 점을 찍고, 그 점으로부터 똑같은 거리에 있는 점들을 무수히 많이 찍는 거예요. 선은 무수히 많은 점으로 이루어져 있으니까요. 그렇다면 찍은 점들이 모여서 만든 도형이 원이 되는 것이죠. 우리가 흔히 컴퍼스를 사용해서 원을 그리죠? 무수히 많은 점을 찍는 것을 컴퍼스가 대신해 주는 거죠.

이때 그려진 곡선과 곡선 내부의 공간을 원판이라고 해요. 흔히 사람들은 이것을 '원'이라고 해요. 우리가 아는 그 '원'

원의 정의 평면에서 한 정점 'O' 으로부터 일정한 거리에 있는 점들
     의 모임
원의 중심 원을 그릴 때 중심이 되었던 점 'O'
원의 지름 원의 중심을 지나는 직선으로 원 위의 두 점을 이은 선분
원의 반지름 원의 중심에서 그 원 위의 한 점을 이은 선분, 지름의 반
원주 원 둘레의 길이

말이에요. 그리고 그려진 곡선, 즉 원의 둘레를 '원주'라고 한
답니다. 또, 원의 중심에서 가장자리까지를 이은 선분을 '반
지름'이라고 하고, 원의 중심을 가로지르면서 원의 가장자리
두 점을 이은 선분을 '지름'이라고 해요. '지름'의 반이 '반지
름'이 되는 거죠. 하나의 원이라면, '지름'과 '반지름'은 각각
같은 값을 나타내지요.

그렇다면 컴퍼스로 원을 한번 그려볼까요? 먼저, 원의 크기를 결정해야 해요. 크기를 결정하는 것은 원의 반지름이 되죠. 컴퍼스의 뾰족한 부분과 연필 부분의 간격을 조절해 보자고요. 마음에 드는 크기를 결정했나요? 이때의 간격은 원의 무엇이랑 같을까요? 그렇죠! 원의 반지름과 같답니다.

이제 원의 매력에 빠질 준비가 되었나요? 내가 살던 시절 사람들은 원의 둘레, 넓이, 성질 등에 대해서 궁금해 했어요. 실제로 이때의 원의 둘레나 넓이는 아주 중요했어요. 지금이야 수학책에서나 원의 넓이를 구하지만 이때는 땅의 크기를

재어서 재산을 분배할 때 꼭 필요했어요. 내가 가진 동그란 모양의 땅을 다른 사람의 사각형 모양의 땅과 바꿀 수 있는가가 달린 문제였거든요. 농사를 짓던 이 시대에는 이것보다 더 중요한 문제는 없었을 것 같지 않나요?

또 내가 살던 시기에는 지구가 아닌 하늘이 돈다고 생각했기 때문에 지구 주변의 해, 달, 별들의 움직임이 농사를 짓는 사람들에겐 매우 중요한 관심거리가 되었어요. 물론, 지금의 지동설을 이용하려고 해도 원의 성질은 매우 중요하지만요.

이처럼 천문학에서도 이 원의 비밀은 매우 중요한 정보가 되었던 거죠. 그때 난 원에 대해서 연구해야겠다고 생각했죠.

바로 원에 대해 연구하기 시작했어요. 원은 아주 간단한 도형이에요. 하지만 그리 만만한 도형은 아니랍니다.

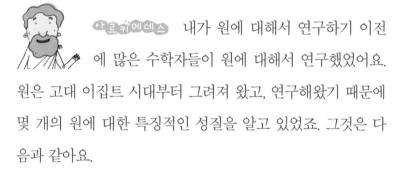

 이제 원주율에 대해서 알려 주세요. 도대체 원주율이 무엇인가요?

아르키메데스 내가 원에 대해서 연구하기 이전에 많은 수학자들이 원에 대해서 연구했었어요. 원은 고대 이집트 시대부터 그려져 왔고, 연구해왔기 때문에 몇 개의 원에 대한 특징적인 성질을 알고 있었죠. 그것은 다음과 같아요.

❶ '원의 둘레'와 '지름' 사이의 관계는 항상 일정하다.
이것은 어떠한 원이라도 원의 둘레를 지름으로 나누었을 때 똑같은 수가 나온다는 것이죠.

❷ '원의 넓이'와 '지름을 두 번 곱한 것' 사이의 관계는 항상 일정하다.

❸ '구(공 모양)의 부피'와 '지름을 세 번 곱한 것' 사이의 관계는 항상 일정하다.

하지만 위의 세 가지 특성으로는 우리가 필요로 했던 원의 둘레나 넓이를 구하는 방법이 매우 복잡했어요. 수학자만이 그것을 계산할 수 있었거든요. 그래서 일상생활에 사용하기는 불편했죠. 난 그 사람들이 발견한 것 안에서 공통적인 개념이나 규칙을 찾기 위해 노력했어요.

원의 둘레나 넓이를 정확하고 손쉽게 구하기 위해서는 위의 세 가지 특징에서 공통적으로 말하고 있는 어떠한 '관계'를 구체적으로 알아야 했고, 더 정확히 말하면 그 '관계가 어떤 수를 나타내는가'를 알아야 했어요. 위에 제시된 특성에서 벌써 '원주율'의 의미가 나와 있네요. ❶의 내용을 보세요.

❶ '원의 둘레'와 '지름' 사이의 관계는 항상 일정하다.
　이것은 어떠한 원이라도 원의 둘레를 지름으로 나누었을 때 똑같은 수가 나온다는 것이죠.

음료수 뚜껑이든, 주전자 뚜껑이든 모든 원의 둘레를 그 원의 지름으로 나누면 같은 수가 나온다고 했죠? 이것을 '원주율'이라고 해요. 그러니까 원의 둘레와 지름과의 관계, 즉 비라고 볼 수 있겠네요.

'원의 둘레'와 '지름' 이 두 수 중에서 더 짧고, 둘레보다 더 재기 쉬운 수는 어떤 수일까요? 지름이겠죠? 그래서 이 원주율은 지름을 기준으로 해서 관계를 설명했어요. 쉽게 말하면 지름의 길이를 기준으로 했을 때, '원의 둘레는 지름의 몇 배인가?'를 나타내는 수가 '원주율'이 되는 것이죠.

그렇다면 내가 살던 시대에 원의 지름이나 원의 둘레는 어떻게 구했을까요? 원의 지름의 길이는 쉽게 구할 수 있죠? 원의 중심을 지나고 원의 양 끝을 연결하는 선분의 길이를

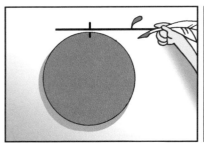
① 동그란 원판에 시작점을 표시한다.

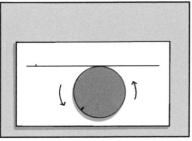
② 그 점을 시작으로 한 바퀴 굴린다.

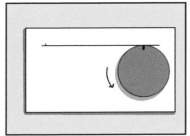
③ 시작점이 끝에 왔을 때 모습

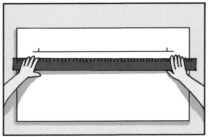
④ 시작점과 끝점을 연결한 선분을 자로 재는 모습

재면 되요. 지름의 길이는 원의 중심만 지나면 어느 곳에서 재든 그 길이는 같아요. 지금 자를 꺼내서 한 번 재어 보자고요. 옆에 있는 필통이나 연필꽂이를 재어 보세요.

그렇다면 원의 둘레는 어떻게 구했을까요? 그리스 시대에는 원의 둘레를 직접 구했답니다. 자를 사용해서 말이지요.

어때요? 원의 둘레를 구할 수 있겠나요? 지금은 이렇게 구하지 않지만 그 시대에는 이것이 최선의 방법이었답니다. 좀 번거롭죠? 그래서 더더욱 원의 지름과 둘레 사이의 관계를 알아내야만 했어요.

원의 지름과 원의 둘레의 길이를 구하는 방법을 알았으니 이 두 값의 관계인 원주율이 왜 필요한지 알아볼까요? 다음 만화를 보면서 왜 '원주율'이 필요한지를 알아봅시다.

다음 만화처럼 둘레를 지름으로 나누었을 때의 몫, 즉 '원주율'을 알게 되면 원의 둘레를 쉽고 정확하게 구할 수 있었죠. 그렇다면 매번 원에 시작점을 찍어 원의 둘레를 구해야 하는 불편함이 사라지게 되는 것이에요. 이미 연구된 특성은 '원주율'이 일정하다는 것을 밝혀냈지만 정확히 어떤 수인지는 밝히지 못했죠. 난 이 부분에 대해서 연구하기로 했어요.

　물론 지금은 이 원주율을 원의 둘레를 뜻하는 그리스어 periphery의 약자인 'π(파이)'라는 문자를 사용해서 표현하기도 하고 실제로 계산할 때는 '3.14'라는 근사값을 사용하고 있죠. 여기서 근사값이란 정확하진 않지만 가깝다고 생각되는 값이에요.

　하지만 내가 살았던 시절에는 π와 같은 원주율을 뜻하는 문자는 사용하지 않았어요. 그저 '원주의 길이와 지름의 비' 정도였죠. 수학에서는 이런 문자를 최초로 사용하는 것도 아주 큰 의미를 가진답니다. 그래서 몇몇 문자에는 자기 이름을 따서 붙이기도 하죠. 내가 원주율을 '아르키메데스'라고 이름 붙였다면 또 다른 수학의 역사가 쓰였겠죠? 하하!

난 이 원주율의 정확한 값을 구하고 싶었던 거예요. 그 값이 사람들에게 진정으로 필요하고, 도움을 줄 수 있거든요. 내 마음을 이해할 수 있겠어요?

 한서 그렇다면 아르키메데스 아저씨가 원주율의 값을 정확히 구하신 거예요?

 아르키메데스 아니, 아니에요. 난 그 값을 구하고자 노력했지만, 나에겐 오늘날의 슈퍼컴퓨터와 같은 기계가 없었거든요. 그래서 손으로 계산해야 했기 때문에 정확한 값은 구하지 못했어요. 또 사용한 방법으로는 완벽하게 구할 수도 없고요. 그저 최대한 가까운 수를 구할 수 있었던 거죠. 그리고 내가 죽고 난 뒤 연구한 사람들에 의해 원주율은 구할 수 없는 수, 즉 무한히 계속되는 수인 '무한소수'라는 것이 밝혀졌지요. 그러니까 끝이 없이 계속되는 수라고 생각하면 되요.

'π'라는 기호를 최초로 사용한 윌리엄 존스

오늘날 사용하는 'π'라는 문자도 내가 생각해낸 것이 아니라고 했죠? 영국 앵글시 섬에서 태어난 윌리엄 존스 William Jones라는 수학자가 원주율을 'π'라고 소개했고, 그 뒤 유명한 수학자 오일러가 사용하면서 보편화되기 시작

했죠.

내가 한 일은 이 '3.14'라는 근사값을 최초로 구했다는 거예요. 오늘날은 원주율의 값을 소수점 이하 1조 2411억 자리까지 구했어요. 그것도 슈퍼컴퓨터로 4백 시간 동안 말이죠. 그리고 아직도 원주율은 계산되고 있어요. 더 정확한 수를 찾기 위해서요.

$$\pi = 3.14159265358979323846264338 3279\cdots$$

아마 더 구체적인 원주율 값을 이 책에 제시한다면 책의 두께는 두 배가 넘을지도 몰라요.

그러면 왜 하필 '3.14'라는 수를 사용하게 된 것일까요? 우선 수가 너무 길어지게 되면 원주율을 이용하여 계산하는 데 시간이 너무 오래 걸리게 되죠. 그래서 최대한 오차를 줄이면서 짧은 수를 생각하다가 소수 셋째 자리의 '1'을 반올림하기로 한 거예요. 그러면 '3.14'가 되죠.

그런데 더 정밀한 값을 구해야 하는 천문학이나 기계공학 방면에서는 소수 다섯째 자리에서 반올림한 '3.1416'을 사용하기도 해요. 하지만 '3.14' 정도의 근사값으로도 우리 생활 주변의 원의 둘레나 넓이를 구하는 데에는 큰 지장이 없어요.

그렇다면 왜 사람들이 원주율이라는 숫자에 몇 천 년 동안이나 시간을 할애했는지 궁금하지 않나요? 많은 이유가 있어요.

우선 첫째는 생활이나 다른 학문 연구에 꼭 필요하다는 것이지요. 참치캔에 참치가 얼마나 들어가는지, 동그란 상자에 리본을 묶으려면 리본이 얼마만큼 필요한지와 같은 간단한 것에서부터 천문학,

고대 그리스 시대 파피루스 위에 쓰여진 파이를 구하기 위한 수식

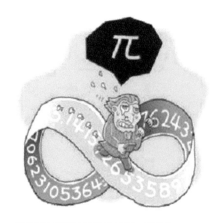

원주율을 구하기 위해 고심하는 사람들

전자기학, 통계학 등 여러 학문 분야에서 사용되고 있죠. 원주율이 정확해지면 이런 학문 분야들도 정확한 결론을 얻을 수 있으니까요. 또 원주율을 계산함으로써 나 같은 수학자들은 재미를 느껴요. 아직 완성되지 않은 수를 완성하고 싶은 욕구가 생기죠. 바로 이런 호기심이 원주율 계산의 원동력이 된 거라 생각해요. 그리고 이런 수학자들 중 몇몇은 원주율을 계산하는 과정에서 다른 수학적 발견이나 공식을 찾아낼 수 있다고 기대하고 있거든요.

한 가지 더, 요즘에는 컴퓨터의 성능을 판단할 때 원주율을 계산하게 한다고 해요. 그래서 소수 몇째 자리까지 정확히 계산하는 데 걸리는 시간을 측정하여 컴퓨터의 성능을 판단하는 거죠. 어때요? 이 정도면 원주율을 계산하는 것이 터무니없는 일은 아니죠?

- '원'이란 도형은 오랜 옛날부터 관심의 대상이었으며, 원의 둘레의 길이나 넓이를 구하기 위해서는 '원 지름의 길이와 원 둘레 길이 사이의 비'를 알아야 했다. 그 '비'가 '원주율'이다.

- 아르키메데스는 원을 아주 좋아했으며, 원의 특성을 밝혀내기 위해 '원주율'에 대해 연구했다.

- 원은 '원의 중심'에서 똑같은 거리만큼 떨어진 점들의 집합이다. 이때 원의 둘레를 '원주'라고 한다.

- 원주율은 그리스 문자로 'π'로 쓰고 '파이'로 읽는다. 그리고 이 원주율의 근사값으로 사용하는 '3.14'는 아르키메데스가 최초로 계산하였다.

어쩜 저렇게 동그랗게 생겼을까, 정말 아름답구나~!

그냥 바꿉시다.

아무리 생각해 봐도 내가 좀 더 손해 인데…….

원의 넓이나 둘레를 쉽게 구하는 방법이 있을까? 직접 연구해 봐야겠어!

그래! 이 값이야. 이제 사람들이 원에 대해 더 많은 것을 쉽게 알 수 있겠군.

여러분, 이제 원에 대해서 너무 어렵게 생각하지 마세요. 제가 원주율을 구해냈습니다. 그 값은 약 3.14입니다. 원의 지름에 원주율을 곱하면 원의 둘레가 되는 것이지요.

2000년 후 영국

이 숫자에 이름을 붙여줘야 할 것 같은데…… 아! 고대 그리스 문자 중에서 원의 넓이를 나타내는 약자인 π를 사용하면 어떨까?

3.14159265…

현대의 수학자 모임

아무도 이 π를 끝까지 구할 수 없는 걸까? 2000년 전 아르키메데스 이후로 뛰어난 수학자는 더 이상 없는 것인가……

저희들 생각에는 구할 수 없는 수 같습니다.

오늘날의 슈퍼컴퓨터

음. 이 컴퓨터는 원주율을 백만 자리까지 구하는 데 2시간이 걸리는군……. 성능이 훨씬 좋아!

다음달에 출시합시다!

제03장

원주율이 3.14…라는 것은 어떻게 알았나요?

📋 교과 연계

초등 6-2 | 4단원 : 원과 원기둥
중등 1 | 원뿔, 원기둥, 구의 겉넓이와 부피

📋 학습 목표

아르키메데스는 최초로 현재의 원주율 근사값인 '3.14'를 원의 둘레를 이용하여 계산해냈다. 원의 둘레가 외접하는 다각형의 둘레와 내접하는 다각형의 둘레 사이에 있다는 사실을 이해하고 계산기나 컴퓨터가 없던 시절 원주율을 어떻게 구했을지 생각해본다.

한서 아르키메데스 아저씨는 원주율을 어떻게 구하셨어요? 최초로 '3.14'라는 근사값을 계산한 분이시잖아요.

아르키메데스 난 내가 한 일 중에서도 이 원주율을 계산한 것을 매우 자랑스럽게 생각해요. 내가 좋아하는 원에 대해서 더 많은 연구를 할 수 있는 기초가 되었거든요. 난 우선 2장에서 살펴봤던, 예전의 수학자들이 발견했던 원의 특징 ❶, ❷, ❸번 중에서 가장 간단한 둘레와 관련된 ❶에서부터 생각하기로 했어요. 원의 둘레를 구하는 과정에서 '원주율'을 더 정확히 알아낼 수 있다고 생각했거든요.

한서 학생! 자로 직선을 재어 본 적 있나요? 그렇다면 곡선은요? 내가 살던 시대에는 원의 둘레를 구하는 공식이나 법칙이 없었기 때문에 원의 둘레를 구하는 것이 고민거리였죠.

다음 상황처럼 이 시대에는 똑같은 원이라도 그 둘레가 다르기 일쑤였답니다. 그래서 난 원의 둘레를 좀 더 수학적으로, 논리적으로 밝혀내야 한다는 의무감이 들었어요. 누구나

내가 소개한 방법으로 구했을 때는 정확하면서도 똑같은 값이 나오게 해 주고 싶었어요. 수학이란 것이 원래 누구든지 인정할 수 있는 설명이 함께 해야 하니까요.

그래서 최대한 원의 둘레를 정확히 구한 다음에 이 둘레를 지름으로 나누기로 했죠. 둘레를 지름으로 나눈 것이 바로 '원주율'이니까 말이에요.

자! 이제 시작해 볼까요? 아, 잠깐! 원주율을 계산하기 전에 확실히 해 두어야 할 것이 있어요. 이제부터 우리가 사용하는 모든 원은 연필로 대충 그린 원이 아니라, 원의 정의에 맞고 어느 쪽도 찌그러지지 않은 완벽하게 동그란 원이어야 해요.

난 원 안에 꼭 맞게 들어가는 정다각형을 생각했어요. 정다각형은 우리가 쉽게 아는 정삼각형, 정사각형, 정오각형, 정육각형 등을 얘기하는 것이지요. 그리고 원 밖을 꼭 맞게 감싸는 정다각형도 함께 생각했어요. 아, 이제는 그림을 보면서 설명할 때가 된 것 같군요.

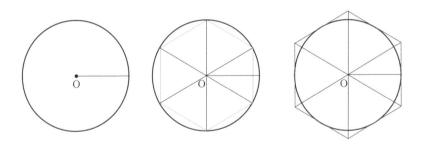

위의 세 원은 지름이 2㎝인 같은 원입니다. 그렇다면 반지름은 얼마일까요? 그렇죠. 1㎝입니다. 그리고 파란색, 빨간색 도형은 정육각형입니다. 이 두 육각형의 차이점을 찾았나요?

파란색 육각형은 원의 안쪽에 꼭 맞고, 빨간색 육각형은 원의 바깥쪽에 꼭 맞지요? 파란색 육각형과 같이 안쪽 부분에 만나고 있는 도형을 '내접다각형', 빨간색 육각형과 같이 바깥쪽 부분에 만나고 있는 도형을 외접다각형이라고 합니다. 나는 위의 세 그림을 보고 다음을 추론해 내었습니다.

잠깐! 아래를 읽기 전에 원, 파란색 육각형, 빨간색 육각형 사이의 관계에 대해서 먼저 한번 생각해 보세요. 어떤 것의 둘레가 어떤 것보다 큰지, 작은지에 대해서 말이에요.

내가 생각해낸 결론은 다음과 같아요.

❶ 원의 둘레의 길이는 파란색 정육각형의 둘레의 길이보다 길다.
❷ 원의 둘레의 길이는 빨간색 정육각형의 둘레의 길이보다 짧다.

여러분도 같은 생각이죠? 이제 두 정육각형의 둘레의 길이를 구해 봅시다. 먼저 파란색 정육각형의 경우부터 볼게요. 정육각형의 대각선 3개로 나누어진 6개의 삼각형이 보이나요? 이 삼각형은 모두 한 변이 '1'인 정삼각형입니다. 왜냐하면 정육각형의 대각선을 이용하여 6개의 삼각형으로 나누면 정삼각형이 되거든요. 그리고 이 삼각형의 한 변은 원의 반지름 길이인 '1'과 같죠?

그러면 다음과 같이 구할 수 있겠네요. 파란색 정육각형의 둘레는 원 반지름의 6배 즉, 그 길이가 '6'라는 것이죠. 그렇다면 원의 둘레는 이 '6'보다는 크게 되겠죠?

파란색 정육각형의 둘레 = 원의 반지름 × 6

= 1 × 6 = 6

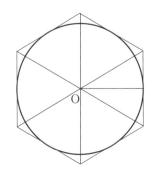

이번엔 빨간색 정육각형을 한번 볼까요? 빨간색 정육각형도 6개의 정삼각형으로 나누어 볼 수 있어요. 하지만 여기서는 쉽게 한 변의 길이가 구해지지 않죠? 이 길이는 피타고라스의 정리를 활용해야 해요. 이 부분은 여러분들이 이해하기 어려울 수도 있겠어요. 그래서 이 장의 마지막에 자세히 알려 줄게요.

피타고라스의 정리를 활용하면 엄청나게 복잡한 분수가 나오게 돼요. 빨간색 정육각형의 한 변의 길이가 약 '1.547' 정도의 크기인데요. 실제로 이 분수를 계산하는 것만으로도 엄청난 일이었어요. 컴퓨터는 물론, 계산기도 없던 시절이잖아요. 몇 시간 동안 계산을 붙들고 나서야 얻을 수 있던 결과는 빨간색 정육각형 한 변이 '1.547', 빨간색 정육각형 둘레의 길이는 '6.9282' 정도라는 것이죠. 이 결과는 정확한 답은 아니에요. 더 구체적인 수를 구하기는 했지만 끝까지 구할 수 있는 수는 아니거든요. 평생을 계산해도 끝나지 않는 계산이란 얘기죠.

그러면 이제 원의 둘레를 추론해 볼까요? 원의 둘레의 길이는 파란색 정육각형의 둘레보다는 크고, 빨간색 정육각형의 둘레보다는 작다고 할 수 있지요. 따라서 원 둘레의 길이는 앞에서 구했던 파란색 정육각형의 둘레 길이 '6'보다는 크고, 빨간색 정육각형의 둘레 길이 '6.9282'보다는 작다는 결론이 나오죠.

이 결론으로 원주율을 추론해 볼게요. 원주율은 어떤 두 길이의 관계를 나타낸 수라고 했죠? 그렇죠. 원의 지름과 원의 둘레의 관계이죠? 두 육각형의 둘레 길이를 통해서 원 둘레의 범위를 찾을 수 있었죠? 그럼 여기에다 고정되어 있는 원의 지름의 길이를 나누어 보면 원주율의 범위도 알 수 있는 거죠.

이제 직접 원주율을 구해 볼까요? 원의 둘레를 지름으로 나누면 일정한 수가 나오는데, 그것이 원주율이라고 했지요? 우리가 위에서 구한 원의 둘레의 범위가 되는 '6'과 '6.9282' 에 똑같이 이 원의 지름 '2'를 나누어 봅시다. 그러면 '3'과 '3.4641' 사이에 원주율이 있다는 얘기가 되는군요.

드디어 원주율에 가까운 값을 구했네요. 하지만 정확한 값은 아니에요. 왜냐하면 우린 아직 원주율의 범위밖에 구한 것이 없잖아요? 그리고 원의 둘레와 정육각형의 둘레에는 분명히 차이가 있으니까요. 그래서 그 차이를 어떻게 하면 더 줄일 수 있을까를 고민하게 되었어요. 원 안에 정육각형보다 더 꼭 들어맞는 도형이 없을까 하다가 생각한 것이 정십이각형이었답니다. 다음 그림을 보세요. 훨씬 둘레의 차이가 줄어들었죠?

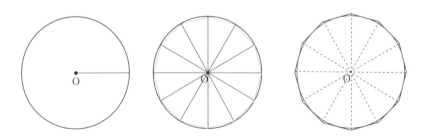

정육각형의 방법으로 정십이각형의 둘레와 원의 둘레를 비교해 봤어요. 두 개의 정십이각형 둘레의 길이와 원의 둘레를 비교한 것이죠. 여기서도 마찬가지로 원 둘레의 길이는 안쪽에서 접하고 있는 파란색 정십이각형 둘레의 길이보다는 길고, 바깥쪽에서 접하고 있는 빨간색 정십이각형 둘레의 길이보다는 짧죠. 또한 똑같이 원의 지름으로 나누어서 원주율의 범위를 좁혀간 것이죠. 그랬더니 아래의 결과가 나왔어요.

원주율은 '3.10538'보다는 크고, '3.21539'보다는 작다.

정육각형으로 구했을 때보다 훨씬 범위가 좁아졌어요. 그렇다면 정육각형으로 구했을 때의 값보다 더 정확한 범위가 된 것이죠. 그림으로만 봐도 정십이각형이 원의 둘레와 차이가 작잖아요.

나는 이렇게 점점 원에 꼭 맞는 도형을 찾다가 정이십사각형, 정사십팔각형, 정구십육각형까지 계산하게 되었어요. 물론 계산하는 과정에서 유클리드의 《원론》 제6권에 제시되어 있는 정리도 이용해야 했고, 두 번 곱해서 특정한 수가 나오는 숫자를 생각해내야 했죠. 이 점이 가장 어려운 부분이었어요. 어려웠던 부분이야말로 내가 이 연구를 하는 동안 가장 보람을 많이 느낌 점이라고 바꿔 말할 수 있겠군요.

　아래는 내가 계산했던 결과예요. 이 값들도 모두 원주율의 범위에 불과하지만 점점 원주율의 범위가 좁아지는 것이 보일 거예요. 정육각형에 비하면 정구십육각형의 범위는 그야 말로 거의 원주율을 구한 것이나 다름없죠.

정육각형	⇨ 3		< 원주율 <	3.4641
정십이각형	⇨ 3.10538		< 원주율 <	3.21539
정이십사각형	⇨ 3.13262		< 원주율 <	3.15966
정사십팔각형	⇨ 3.13935		< 원주율 <	3.14690
정구십육각형	⇨ 3.14103		< 원주율 <	3.14271

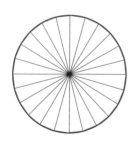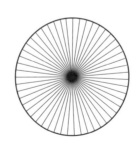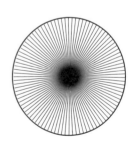

다각형의 각의 수를 늘리니까 원의 둘레와 거의 같아지는 것이 보이죠? 원의 둘레와 거의 같아진다는 것은 내 방식대로 계산했을 때, 실제 원주율과 거의 같은 값을 가진다는 것과 같은 뜻이에요. 그렇다면 내가 왜 '3.14'라는 수를 선택했는지 느낌이 오나요? 정육각형부터 정구십육각형까지 계산한 이유는 좀 더 진짜 원주율에 가까운 값을 구하기 위해서였어요. 이는 정구십육각형이 가장 가까운 값을 나타내는 것이 되죠. 그만큼 차이가 제일 적으니까요. 그래서 정구십육각형일 때의 원주율의 범위인 '3.14103'보다는 크고 '3.14271' 보다는 작은 수가 원주율인 것임을 밝혔을 때, 이 두 수에서 같은 값을 가지는 '3.14'를 선택하게 된 것이죠. 그 뒤의 숫자들은 서로 다르잖아요. 그리고 실제 생활에서는 소수점 셋째 자리는 아주 작은 수랍니다. 그래서 과감히 무시하고 '3.14'를 원주율로 계산해도 큰 문제가 없다고 생각했죠.

지금이야 슈퍼컴퓨터나 개인용 컴퓨터가 잘 발달되어 있어서 계산하기 편하겠지만 내가 사는 시대에서는 이 모든 것을 손으로 계산했답니다. 종이도 흔히 구할 수 없었기 때문에 모래를 평평하게 펴놓고 계산하고 지우기를 반복하거나,

굳은 기름 덩어리 위에서 계산하기도 했어요. 고생한 만큼 참 값진 연구였다고 생각해요. 이런 연구를 통해 많은 사람들이 원의 둘레와 원의 넓이, 더 나아가서 공 모양과 같은 구의 겉넓이, 부피를 구하는 데 편리해질 수 있었으니까요. 물론 내가 연구한 원주율을 조충지, 피보나치, 오일러 등 후대의 수학자들이 더 연구해줘 고맙게 생각해요. 그들이야말로 원주율을 완성했다고 볼 수 있죠.

한서 아저씨는 원주율에 대해 매우 자랑스러워 하는 것 같네요. 전 아직 원주율이 어떤 큰 의미를 갖는지 잘 모르겠어요.

아르키메데스 하하하. 나도 모르게 내 마음을 들켜 버렸나 보군요. 실제로 이 원주율을 구했을 당시에는 그저 땅의 넓이나 둘레, 나아가서는 별의 크기와 움직이는 거리 등을 구할 때 사용되었지만 지금은 달라요. 첨단과학기술에 적용하고 있거든요. 우리 주변에서 원을 떼어놓고 생각하기란 정말 힘들어요. 그리고 이 원을 바탕으로 해서 모든 곡선의 규칙을 찾고 사용할 수 있거든요.

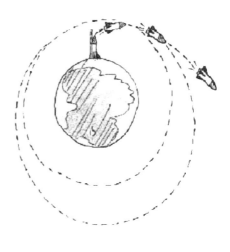

다음과 같은 로켓만 봐도 쉽게 알 수 있어요. 로켓을 만들 때 가장 잘 날아갈 수 있는 원기둥 모양으로 만들게 되죠. 그리고 이것을 쏘아 올릴 때에도 지구에서 어떤 곡선을 그리며 날아가게 할 것인지에 대한 연구에 원주율이 꼭 필요하거든요. 이렇게 해서 인공위성이나 로켓을 쏘아 올리면 우주탐사나 지구에 대한 정보를 더 잘 알 수 있잖아요? 내가 바로 그 원주율을 최초로 궁금해 했다고요. 그래서 너무너무 뿌듯함을 느껴요. 내가 발견한 것이 수학자들만이 알아들을 수 있

고, 사용할 수 있는 세상과는 동떨어진 것이 아니라는 것을
확실하게 보여 주니까요. 그야말로 어린아이가 먹는 사탕에
서도 이 원주율을 생각하지 않을 수 없잖아요? 이처럼 우리
는 평생 원의 둘레 안에서 살아간다고 해도 거짓말은 아닐
거예요.

　여러분 혹시 매년 3월 14일이 무슨 날인지 아나요? 화이
트데이라고요? 그건 이 책을 읽기 전에 대답해야 할 말이고
요. 바로 '파이 데이'예요. 프랑스 수학자가 지정한 날인데요.
이 원주율의 값인 '3.14'를 기념하기 위해서 만든 것이죠.

　오늘날 많은 나라에서 원주율과 관련된 행사를 하고 있어
요. 예를 들어 원주율의 값을 누가 누가 더 많이 외우나, 원주
율을 주제로 하여 시 짓기, 원주율의 숫자에 음을 넣어 노래
만들기 등등 많은 행사가 있답니다. 또 외국의 어느 유명한
향수 회사에서는 사람들이 원주율에 대해 끊임없이 연구하
고 탐구하는 자세를 나타낼 수 있는 향을 만들어서 '파이'라
는 향수로 내놓았답니다. 내가 살던 시대나 지금이나 사람들
이 원주율에서 매력을 느끼는 것은 변함이 없나 봐요.

원에 외접하는 정육각형의 한 변의 길이를 구할 때 사용될 정리는 바로 피타고라스 정리입니다.

피타고라스는 아르키메데스보다 300년 전의 사람이었어요. 그러니까 두 사람은 서로 만날 수는 없었죠. 하지만 둘 다 그리스의 수학자였기 때문에 아르키메데스가 피타고라스의 정리를 이미 알고 있었다고 할 수 있죠. 이 피타고라스 정리는 아주 쉽기 때문에 여러분들도 한 번만 보면 알 수 있어요. 물론 그 과정을 설명하는 것은 쉽지 않지만 말이죠.

피타고라스의 정리

수학자 피타고라스가 증명해낸 것으로 직각삼각형과 세 변의 관계를 나타내는 정리예요. 자, 침 흘릴 준비하시고, 다음 샌드위치를 보자고요.

샌드위치처럼 생긴 삼각형의 이름을 혹시 알고 있나요? 맞아요! 바로 직각삼각형이예요. 이런 직각삼각형에서 비스듬한 변을 빗변이라고 하는데요, 피타고라스는 나머지 두 변의 길이를 가지고 이 빗변의 길이를 구하는 공식을 찾아낸 거죠. 물론 그 결과를 밝히는 과정은 조금 복잡하지만 그 결과는 아주 쉬워요.

나머지 두 변의 길이를 각각 2번씩 곱해서 더한 값과 빗변의 길이를 두 번 곱한 값이 같다!

예를 들어보면 더 쉬워요. 샌드위치의 빗변이 아닌 두 변의 길이가 각각 6㎝, 8㎝라면 이것을 각각 2번씩 곱하면 36, 64가 되죠? 이 두 수의 합은? 그렇죠. 100이에요. 이 100은 10을 두 번 곱한 수죠? 그래서 이 샌드위치의 빗변의 길이는 10㎝가 되는 것이죠.

정리해 볼까요?

직각삼각형에서 빗변의 길이를 구하기 위해서는 나머지 두 변만 알면 되요. 그 두 변의 길이를 각각 2번씩 곱한 값을 합하면, 빗변의 길이를 두 번 곱한 수와 같다는 것이죠.

어때요? 너무 쉽죠?

- 아르키메데스는 원주율을 구하기 위해 원의 둘레를 이용했다. 최대한 정확하게 원의 둘레를 구하기 위해서 구에 내접, 외접하는 정다각형을 이용하였다.

- 아르키메데스는 원에 내접하는 정육각형, 정십이각형, 정이십사각형, 정사십팔각형, 정구십육각형을 이용하였다. 그리고 원의 둘레는 외접하는 다각형의 둘레와 내접하는 다각형의 둘레 사이에 있음을 알아내었다.

- 계산기나 컴퓨터가 없던 시절, 원주율을 모두 손으로 계산하였다.

- 아르키메데스는 최초로 현재의 원주율 근사값인 '3.14'를 계산해 내는 데에 성공했다.

원의 둘레와 지름 사이에 일정한 관계가 있다고? 구체적으로 어떤 관계일까?

아하! 원의 지름에 약 3.14 정도를 곱하면 원의 둘레가 되는구나!

이제부터 원주율을 3.14로 하여 계산합시다.

그걸 어찌 증명할 것이오?

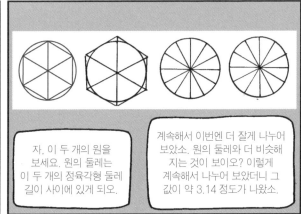

자, 이 두 개의 원을 보세요. 원의 둘레는 이 두 개의 정육각형 둘레 길이 사이에 있게 되오.

계속해서 이번엔 더 잘게 나누어 보았소. 원의 둘레와 더 비슷해 지는 것이 보이오? 이렇게 계속해서 나누어 보았더니 그 값이 약 3.14 정도가 나왔소.

와~ 그렇군요. 그것을 계산 하느라 얼마나 오래 걸렸소?

말도 마시오. 너무 너무 힘든 과정이었 다오. 미래에서 계산 기라도 빌려왔으면 하는 심정이었소.

현재의 수학시간

원주율은 약 3.14 정도예요.

왜요?

무려 2000년 전에 고대 그리스 시대의 아르키메데스가 원에 맞닿는 다각형을 여러 개 그려서 확인했거든요.

제04장

내가 탄 자전거 바퀴가
한 번 돌면 얼마만큼
움직인 거죠?

📗 교과 연계

초등 6-2 | 4단원 : 원과 원기둥
중등 1 | 원뿔, 원기둥, 구의 겉넓이와 부피

📗 학습 목표

원의 둘레는 원주율의 숫자가 밝혀지면서 쉽게 구할 수 있게 되었는데, 원의 둘레를 구할 때 필요한 것과 구하는 방법에 대해서 알아본다. 그리고 원의 둘레가 일상생활에서 어떻게 쓰이는지 알아본다.

한서 원주율에 대해서는 확실히 알았어요! 그렇다면 이제 내가 탄 자전거 바퀴가 한 번 돌았을 때 움직인 거리를 알 수 있나요?

아르키메데스 한서 학생이 이제 원의 둘레를 구하는 방법이 궁금한가 보군요. 자전거가 한 바퀴 돌았다면 한 바퀴만큼 움직인 것이겠죠? 그렇다면 그 움직인 거리는 당연히 바퀴 하나의 '원주' 즉, 원의 둘레라고 생각할 수 있겠네요. 우린 원주율에 대해 알고 있으니까 고대의 내

친구들처럼 실이나 바퀴에 잉크 칠을 해서 그려볼 필요가 없어요! 바로 구할 수 있는 것이죠. 원주율의 뜻이 뭐라고 했었죠?

> 원주율은 '원 지름의 길이의 몇 배가 원 둘레의 길이인
> 가를 나타내는 비의 값'이다.

맞아요. 원주율의 근사값이 '3.14'인 것을 이용한다면 위 문장을 다음과 같은 식으로 만들어 볼 수 있겠군요.

원의 지름×원주율＝원의 둘레

원의 지름×3.14＝원의 둘레

자, 이제 한서 학생의 자전거를 생각하기 전에 간단한 원의 둘레부터 구해 볼까요? 원의 둘레를 알려면 먼저 무엇이 필요할까요? 그렇죠! 원의 지름이 필요해요.

다음 원의 지름을 한번 재어 볼까요? 원의 중심을 지나는 직선 중 아무 선이나 선택해도 길이는 같아요. 3㎝! 맞나요? 이제

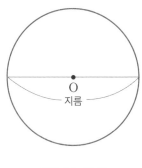

지름이 3㎝인 원

위에서 제시한 식에 넣어보면 되겠군요.

따라서 위 원 둘레의 길이는 '6.28㎝'이네요. 원주율을 알고 있으니 원 둘레를 구하는 것이 너무 쉽죠?

$$원의 지름 × 3.14 = 원의 둘레$$
$$3㎝ × 3.14 = 6.28㎝$$

이제 한서 학생의 자전거 바퀴의 둘레를 구해 볼까요? 아래 사진처럼 먼저 바퀴의 지름을 재어야 해요.

바퀴의 지름이 50㎝이군요. 그렇다면 바퀴 둘레의 길이는 얼마인가요? 위에서 한 것과 똑같이 하면 되요. 지름의 길이만 달라졌을 뿐, 원주율의 값은 변하지 않으니까요. 그렇다면 자전거 바퀴의 지름인 50㎝와 원주율 3.14를 곱하면 되겠네요? 어서 구해 보자고요!

자전거 바퀴의 중앙이 '원의 중심'이라고 생각하고 잰다.

자전거 바퀴의 지름 50㎝.

여러분도 아래와 같은 결과를 얻었나요? 아주 잘했어요!

$$50cm \times 3.14 = 157cm$$

한서 학생! 원의 둘레를 구하는 것이 쉽게 느껴지죠?

이 원이란 도형은 아무리 생각해도 매력 있어요. 자로도 잴 수 없는 곡선의 길이를 지름의 길이만 알면 구할 수 있다니 말이에요. 그것도 아주 간단한 방법이잖아요.

 한서 아르키메데스 아저씨! 그런데 이 원의 둘레를 구할 때 주의할 점은 없나요?

 아르키메데스 왜 없겠어요? 하지만 아주 간단해요. 원은 머리 아플 필요가 없죠. 그냥 알려 주는 것보다 한서 학생이 직접 찾으면 좋겠군요.

한서 학생의 친구들 세 명이 각각 원의 둘레를 구했네요. 누가 정확하게 구했는지 찾아볼까요? 세 친구 모두 계산은 정확하게 한 것 같군요. 다른 곳에서 실수한 친구들이 보이는데요? 한서 학생이 어서 알려줘요.

난 어머니 생일 선물을 포장하려 해. 포장의 핵심은 리본 아니겠어? 그런데 선물상자가 네모가 아니더라구. 당황했었지.

하지만 나도 아르키메데스 아저씨 얘기를 듣고 있는 중이었다고. 그래서 아저씨가 가르쳐주신 방법으로 구하기로 했지.

 음. 이 상자의 지름부터 재어봤어.

지름을 빗겨서 재는 모습

이제 계산만 하면 돼.
15 곱하기 3.14를 하면 답은 47.1이네.
그러면 리본 묶는 길이를 제외하고는 47.1cm의 리본 끈이 필요하네. 당장 사러가야지.

 나는 어제 아버지가 용돈으로 500원을 주셨는데, 아르키메데스 아저씨 이야기를 듣다 보니 갑자기 이 동전의 둘레가 궁금해지더라고. 그래서 구해 보기로 했어.

원의 둘레를 구하려면 지름을 알아야 하니까 나도 동전 지름의 길이를 재었지.

원의 중앙을 제대로 지나게 잰다.

지름의 길이는 3cm였어.
그러니까 500원짜리 동전의 둘레는 3 곱하기 3.14가 되는 거지.
답은 9.42cm야.

민형 난 어제 피자를 먹었어. 그런데 내 접시에 놓인 피자를 보니 왠지 더 작아 보이는 거야. 그래서 피자 전체의 둘레 의 길이를 구해 보기로 했어. 그러면 내 피자 조각이 정확히 나누어진 것인지 알 수 있을 것 같았거든.

 이제 지름의 길이만 재 면 피자 전체의 둘레를 구할 수 있겠군.

 20㎝가 나왔어. 20에 3.14를 곱해 주면 되지. 답은 62.8㎝야. 아저씨 가 정확하게 나누어 주 었군.

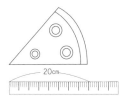

한서 학생! 누가 원의 둘레를 정확하게 구했는지 찾았나 요? 한 명씩 차례로 확인해 볼게요. 먼저 우성 친구의 방법을 볼까요?

우성이는 선물을 포장하는 데에 사용할 리본 끈의 길이를 구하고 있네요. 그런데 우성이가 지름의 길이를 잰 그림을 자세히 보세요. 뭔가 이상한 점이 보이지 않나요? 한서 학생! 찾았어요? 그래요. 바로 지름의 길이를 잴 때는 정확히 원의 중심을 지나는 선분이어야 해요. 하지만 우성이처럼 원의 중심을 벗어나서 지름이 아닌 선분의 길이를 재었네요. 어머니 선물 포장에 정신이 없었나 봐요. 우성이같이 지름의 길이를 잘못 재었다면 그 원의 둘레의 길이도 당연히 잘못되었겠죠? 그래서 우성이가 구한 원의 둘레의 길이는 틀렸네요.

다음으로 재현 친구가 구한 방법을 볼까요? 재현이는 500원짜리 동전의 둘레를 구하는 중인데요. 이번에는 정확하게 원의 중심을 지나는 지름을 잘 찾았네요. 그 길이가 3cm이고, 계산을 하면 500원짜리 동전의 둘레는 9.42cm가 되는군요. 재현이는 아주 정확하게 원의 둘레를 구했네요.

마지막으로 경우를 볼까요? 먹는 것 앞에서 약해진 민형이가 깜박 실수를 한 것 같군요. 민형이는 피자의 전체 둘레를 구하고 싶어 하는데, 어디가 잘못되었을까요? 원의 둘레는 원의 지름과 원주율의 곱인데, 민형이가 구한 20cm는 원의 지름이 아니고, 반지름이 되죠? 피자 전체를 생각해 보세요. 피자를 한 조각으로 떼어왔을 때는 지름의 반인 반지름이 되는 거예요. 그렇다면 피자 전체의 둘레를 다시 구해 볼까요? 반지름의 2배가 지름이 되니까, 이 피자의 지름은 40cm가 되네요. 이제 40과 3.14를 곱하면 125.6㎝가 되군요. 엄청 큰 피자네요. 하하!

위의 세 친구의 경우를 보았을 때, 원의 둘레를 구할 때 주의할 점은 무엇인지 느껴지나요? 원의 둘레를 구할 때의 주의할 점은 원의 지름의 길이를 정확하게 잰 후, 원의 둘레를 구해야 한다는 것이에요. 간단하죠? 하지만 원의 지름을 찾는 것이 그리 쉽지만은 않아요. 우리가 일상생활에서 만나는 원들은 대체로 원의 중심이 찍혀 있지 않아요. 그래서 더욱 힘들죠. 원의 중심이 찍혀 있지 않은 원에서 원의 지름을 찾는 방법을 가르쳐 줄게요.

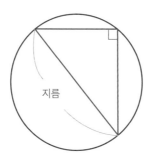

위의 그림과 같이 원 안에 꼭 맞는 직각삼각형을 하나 그려 보세요. 이 직각삼각형은 원에 내접한다고 하죠? 앞에서

얘기했다고요. 이 직각삼각형의 비스듬한 변, 빗변이 바로 원의 지름이 돼요. 이제 원의 지름을 정확하고도 쉽게 찾을 수 있겠죠?

직접 말로 설명하는 것보다 스스로 찾아봤을 때 훨씬 더 기억에 많이 남아요. 주변에 있는 원에 직각삼각형을 꼭 맞게 그려보세요. 그리고 지름을 한번 찾아보세요.

- 원의 둘레는 '원의 지름×원주율=원의 둘레'라는 식으로 구할 수 있다.

- 원의 둘레는 원주율의 숫자가 밝혀지면서 쉽게 구할 수 있었다.

- 원의 둘레는 원주율의 값과 지름의 길이를 알고 있다면 구할 수 있다.

- 원의 둘레를 구할 때는 원의 중심을 지나는 정확한 지름의 길이를 먼저 구해야 한다.

- 일상생활에서 원의 둘레는 수없이 많이 사용된다.

아르키메데스 씨, 이 원의 둘레를 구하고자 합니다. 도와주세요.

지름은 재어 왔소?

네?? 지름이라니요?

어허~! 이 사람, 준비도 안 되어 있구먼. 원의 둘레를 재려면 원의 지름을 알고 있어야 하오. 원주율의 뜻을 생각해 보시오.

아, 참! 제가 깜박하였습니다. 지금 바로 재어 보겠습니다.

30cm입니다. 이제 어찌해야 하죠?

원주율의 뜻을 생각해 보면 원의 지름과 원주율을 곱하면 원의 둘레가 나오지요.

아니, 그렇게 간단합니까? 진작에 아르키메데스 씨를 찾아올 걸 그랬습니다. 며칠 동안 끙끙 앓았다구요.

허허. 이것이 모두 수학의 힘이지요.

제05장

원의 넓이는 '원주율×반지름×반지름'이란 공식의 의미를 알려 주세요

📗 교과 연계

초등 6-2 | 4단원 : 원과 원기둥
중등 1 | 원뿔, 원기둥, 구의 겉넓이와 부피

📗 학습 목표

아르키메데스는 원을 여러 개의 삼각형으로 메워서 그 삼각형들의 넓이의 합을 구하는 방법으로 원의 넓이를 구했는데, 원주율을 이용해서 원의 넓이를 구하는 방법을 알아본다. 그리고 아르키메데스는 원의 넓이를 사람들에게 소개할 때 '귀류법'이라는 증명 방법을 사용했는데, 귀류법이 무엇인지 알아본다.

한서 아르키메데스 아저씨와 관련된 책을 읽었어요. 원의 넓이를 구할 때 '실진법'을 사용하셨다고 나와 있었어요. 실진법이 무엇인가요?

아르키메데스 이 실진법은 에우독소스라는 수학자가 먼저 사용했어요. 난 이 방법을 원의 넓이를 구할 때 사용한 거죠. '실진법'이라 함은 '모두 줄어든다'라는 뜻을 가지고 있는데, 내가 살던 시절에 여러 가지 도형의 넓이를 구하는 방법부터 설명할게요. 먼저 삼각형이나 사각형의 넓이를 구하는 방법은 오래전부터 알고 있었어요. 그

이렇게 하면 더 쉽게 크기를 잴 수가 있지요.

런데 오각형이나 육각형과 같이 정확한 방법이 알려져 있지 않은 도형은 다음과 같이 여러 개의 삼각형이나 사각형으로 나누어서 넓이를 구했죠. 즉, 넓이를 구할 수 있는 도형들로 나누어서 그 도형들의 넓이를 더해서 구했어요.

이런 방법으로 여러 가지 도형의 넓이를 구해왔는데, 원의 넓이는 삼각형이나 사각형으로 정확히 쪼개어지지 않았기 때문에 힘들었죠. 그래서 생각해낸 것이 에우독소스의 '실진법'이에요. 실진법은 '넓이 구하는 방법을 아는 도형, 즉 삼각형이나 사각형과 같은 도형들로 구하고자 하는 도형의 면적을 메우는 방법'이에요.

이것은 다음 그림과 같이 다각형으로 나누어지지 않는 곡선으로 둘러싸인 도형을 구할 때도 유용하게 쓰였죠. 실제 우리 생활에는 딱 떨어지는 다각형이나 삼각형, 사각형보다 각각 다른 모양들이 더 많잖아요? 그런 넓이를 구하기 위해서는 실진법이 매우 중요했어요. 다음 그림과 같이 꽃잎을 반으로 잘라놓은 모양을 생각해 보세요. 이 넓이를 어떻게 구하겠어요? 이런 때에 실진법을 사용하는 거랍니다.

이제 그림 속 도형의 넓이를 실진법을 이용해서 한번 알아

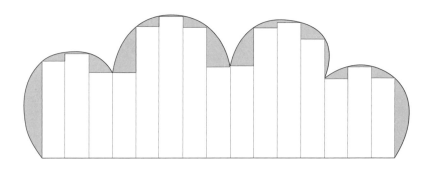

볼까요? 먼저, 실진법은 여러 개의 도형으로 나누는 것이 핵심이에요. 그런데 여기서 주의할 점은 넓이를 구할 수 있는 도형으로 나누어야 한다는 것이죠. 예를 들어, 삼각형이나 사각형 같은 도형으로 말이에요.

위 도형을 직사각형으로 나누어 볼게요. 그림처럼 얇은 직사각형의 종이 띠들로 원래 도형을 메워 나가요. 그럼 몇 개의 종이 띠가 필요하겠죠? 이때 필요한 종이 띠의 넓이를 합하면 원래 도형의 넓이와 비슷한 값을 가지게 되요. 하지만 비슷한 값일 뿐 실제로 도형의 넓이와는 차이가 있겠죠? 그림에서 색칠된 부분이 그 차이가 되겠네요.

복잡한 도형을 직사각형으로 전부다 메우는 것이 힘들잖아요. 이 차이가 클수록 원래 도형의 넓이와는 멀어져요. 따라서 색칠된 부분의 넓이를 줄여나가야겠죠? 이 차이를 줄이는 방법은 메웠던 종이 띠들의 폭을 더 작게 나누는 것이에요. 아래 그림에서 확인할 수 있나요?

'실진법'의 한자를 풀이하면 '모두 없어지다'로 설명할 수 있는데, 여기서 없어지는 대상은 원래 도형과 작은 도형으로 메운 도형의 넓이 차이를 얘기하는 것이죠. 최대한 작은 도형으로 메우면 그 차이는 무시할 수 있을 정도로 작아지니까요.

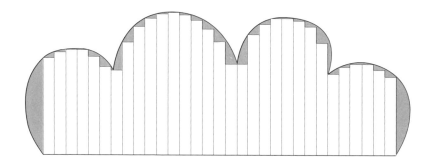

'실진법'은 내가 죽고 난 한참 뒤에 '적분법'이라는 개념으로 다시 태어났어요. '적분'은 처음 들어봤죠? 면적을 여러 개로 나눈다는 뜻이에요. 이 방법을 이용하면 아무렇게나 생긴 도형의 넓이도 다 구할 수 있죠. 내가 '적분'이라는 방법을 구체적으로 완성시키진 않았지만 후대 수학자들은 내가 원의 넓이를 구하는 것을 보고 '적분'에 대한 생각을 시작했었다고 해요. 어쨌든 이 부분도 내가 수학에 한몫한 부분이 되었죠.

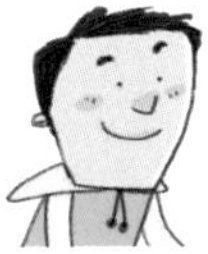

한서 금방 소개한 '실진법'으로 원의 넓이는 어떻게 구하셨어요?

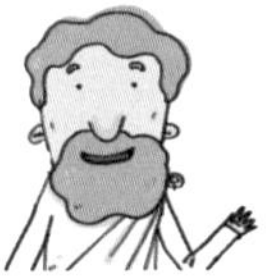

아르키메데스 이 '실진법'은 내가 원의 넓이를 구하는 데 아주 핵심적인 내용이에요. 하지만 81쪽 그림처럼 직사각형의 종이 띠를 사용하진 않았어요. 난 원을 여러 개의 삼각형으로 메운다고 생각했었거든요. 삼각형의 넓이 구하는 방법은 알죠?

참고 • 삼각형의 넓이 구하기

삼각형의 넓이 구하는 방법을 한번 알아볼까요?

다음과 같이 노란색 삼각형의 넓이를 구하려면 합동인 삼각형을 하나 더 그려서 아래 그림과 같이 엇갈려 쌓는 거예요. 그러면 노란색 삼각형의 넓이는 사각형 넓이의 반이 됨을 알 수 있죠? 사각형의 넓이는 '가로×세로'로 구할 수 있으므로 삼각형의 넓이는 '밑변(가로)×높이(세로)÷2'로 구할 수 있는 거죠.

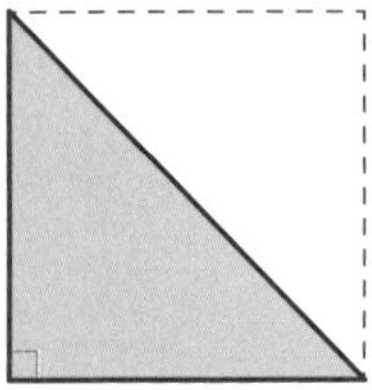

삼각형의 넓이=사각형의 넓이÷2
= 가로×세로 ÷2
= 밑변×높이 ÷2

그럼 내가 구한 방법을 자세히 소개할게요.

먼저, 원을 6개의 조각으로 나누어요. 우리가 피자나 파이를 먹을 때처럼 말이에요. 그리고는 피자의 빵 부분을 잘라 낸다고 생각해요. 삼각형 모양만 남도록 말이에요. 그러면 원 안에 6개의 똑같은 모양의 삼각형이 생기겠죠? 이제 위에서 얘기한 실진법을 사용하는 거죠.

맞아요! 바로 그 6개의 삼각형들의 넓이 합을 구하는 거예요. 여기에서 파란색 부분이 실제원의 넓이와 삼각형들의 넓이 합과의 차이를 나타내는 거예요. 이 파란색 부분이 적어질수록 실제 값과 가까워지고 있다는 의미겠죠?

난 이 파란색 부분 즉, 차이를 줄이기 위해서 원을 12개의 삼각형으로 메워 보았어요. 그리고 차이를 더 줄이기 위해서 더 작게, 더 작게 나누었죠. 기억나나요? 내가 원주율을 구할

때도 이와 비슷한 방법을 썼었어요. 원주율을 구했던 방법이 원의 넓이를 구할 때도 많은 도움을 주었죠. 아래 그림을 보면 파란색 부분이 점점 줄어드는 것이 보이죠?

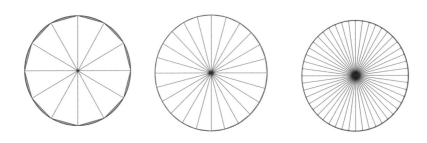

이렇게 원을 작은 삼각형으로 나누어서 그 작은 삼각형들의 넓이 합을 구했죠. 삼각형들의 넓이 합을 구하다가 문득 큰 삼각형의 넓이와 같을지도 모른다는 생각이 들었어요. 다음 그림처럼 작은 삼각형들의 꼭지점을 한쪽으로 모은다면 말이죠. 이때 각각의 삼각형의 넓이는 변하지 않아요. 삼각형은 밑변의 길이와 높이만 같으면 그 모양이 어떻던 그 넓이는 같거든요. 그러니까 밑변을 고정하고, 높이만 변하지 않는다면 아무렇게나 움직여도 넓이가 변하지 않아요. 그러니 내가 생각했던 것처럼 한쪽으로 모아도 상관없는 거죠.

자, 어느새 원이 삼각형으로 바뀌었네요? 눈을 감고 그 과정을 머릿속으로 한번 그려 보세요. 원을 작은 삼각형 여러 개로 나눈 뒤에, 그 삼각형들을 한 곳으로 모아서 큰 삼각형을 만든다!

이제 이 큰 삼각형의 넓이를 구하면 원의 넓이를 구할 수 있어요. 이렇게 삼각형까지 만들었는데 삼각형의 밑변, 높이의 길이를 재어서 넓이를 구해야 한다면 우린 원의 넓이를 구할 때마다 원을 쪼개서, 삼각형으로 만들어, 붙여서, 길이를 잰 뒤 넓이를 구해야 하잖아요. 휴~, 이렇게 원의 넓이를 구하라고 했다면 사람들은 고개를 절래절래 저었을 거예요.

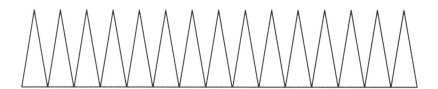

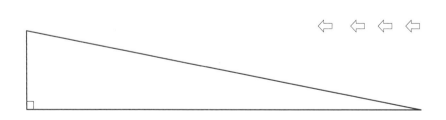

그래서 이 삼각형의 밑변과 높이가 원의 지름이나 또는 반지름과 상관이 있는지에 대해서 찾아보았죠. 그랬더니, 놀랍게도 찾을 수 있었어요. 그것도 너무 쉽게 말이죠. 다음 그림을 보세요!

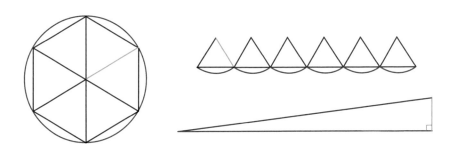

원의 둘레를 노란색으로 칠하고, 반지름을 빨간색으로 칠해 봤어요. 그래서 그 원을 여러 개의 삼각형으로 나누어서 큰 삼각형으로 만들어 봤더니, 삼각형의 밑변은 무슨 색인가요? 그렇죠! 노란색이죠? 그렇다면 삼각형의 밑변은 원의 무엇과 같다는 뜻일까요? 바로 원의 둘레와 같은 거죠. 그렇다면 이번엔 큰 삼각형의 높이는요? 맞아요, 반지름의 길이와 같죠? 이제 한서 학생도 원의 넓이를 구하는 방법이 머리에 스쳤을 것 같은데요?

한서 학생의 생각을 내가 한 번 읽어볼게요. 큰 삼각형의 밑변은 '원주'와 같고, 높이는 '반지름'과 같다고 생각했죠? 하하. 수학을 하다 보면 사람의 마음까지 읽을 수 있나 봐요. 내 생각도 한서 학생의 생각과 같았어요. 그렇다면 원의 넓이를 구하는 방법은 결국 '원의 둘레 × 원의 반지름 ÷ 2'로 정리할 수 있겠네요.

이렇게 원의 넓이도 한서 학생 스스로 찾았네요. 난 힌트만 줬을 뿐이에요. 우리가 한번에 1층에서 10층으로 바로 갈 수는 없지만, 1층에서 2층, 2층에서 3층, 3층에서 4층 이렇게 한 층씩 올라가면 10층까지 갈 수 있죠. 수학도 마찬가지예요. 한 단계씩 올라가다 보면 정말 어려운 수학까지 갈 수 있어요. 이제 한 단계 올라왔어요! 힘내자고요!

그런데 한서 학생! 이 장의 제목을 한번 확인해 볼래요? 원의 넓이는 '원주율 × 반지름 × 반지름'이라는 공식이 나오죠? 이 공식은 어디서 나온 걸까요? 이것도 힌트를 줄 테니까 한서 학생이 한번 찾아보세요.

우리가 알게 된 결과는 원의 넓이는 '원의 둘레×원의 반지름÷2'이죠? 여기서 원의 둘레는 무엇으로 바꿀 수 있죠? 원주율을 이용해서요. '지름×원주율'로 바꿀 수 있죠? 그렇다면 '(지름×원주율)×반지름÷2'로 식이 바뀌었네요.

제일 앞의 '지름'과 '÷2'를 먼저 계산할게요. 어! 지름을 2로 나눈 값은 원의 반지름이랑 같네요. 그렇다면 식이 더 간단해지겠는데요? '원주율×반지름×반지름'이 되는군요. 이게 바로 제목에 있는 원의 넓이를 구하는 공식이 되는 거예요. 공식을 외우는 것보다 왜 이런 공식이 되었는지가 더 중요하다는 것은 알죠? 그게 바로 수학의 힘이 될 수 있거든요.

이렇게 해서 오늘날의 원의 넓이 공식인 '원주율×반지름×반지름'이 나오게 된 거예요. 이제 원 모양의 땅의 넓이 때문에 걱정할 필요는 없겠죠?

원의 넓이는
여러 개의 삼각형 넓이의 합 = 큰 삼각형의 넓이
= 원의 둘레×반지름÷2
= 원주율×지름×반지름÷2
= 원주율×반지름×(지름÷2)
= 원주율×반지름×반지름

 아저씨가 이 방법을 사람들에게 소개했을 때, 사람들은 너무 좋아했을 것 같은데요? 그때의 반응이 어땠나요?

 나도 엄청난 호응을 기대했어요. 하지만 사람들의 반응은 두 개로 나뉘었어요. 하나는 기대했던 것처럼 아주 마음에 들어했고, 하나는 의심의 눈초리로 봤었죠. 그 사람들의 말은 어떻게 원의 넓이가 삼각형의 넓이로 바뀔 수 있냐는 것이었죠. 난 원을 아주 작은 조각들로 자른다면 그 차이를 무시할 수 있다고 설명해 주었지만 사람들은 그것을 믿지 않았어요. 그래도 난 내 생각이 틀리지 않음을 알려 주기 위해서 증명해낼 방법을 생각했어요.

그래서 '내가 한 주장은 맞다. 왜냐하면 틀릴 수 없기 때문

이다'라는 문장을 이용해서 증명해냈죠. 즉, 밑변을 원주, 높이를 반지름으로 하는 큰 삼각형의 넓이가 원의 넓이보다 클 수도 없고, 작을 수도 없다는 것을 밝혀냈어요. 클 수도, 작을 수도 없다면 같은 것 아니겠어요? 그러자 사람들은 내 주장을 인정해 주었어요. 이렇게 해서 원의 넓이를 구하게 된 것이죠.

수학적으로 이런 방식으로 증명하는 것을 '귀류법'이라고 해요. 쉬운 것으로 연습해 볼까요? 만약 내가 주장하고 싶은 것이 '부모님께 꾸중을 듣지 않았다. 왜냐하면 나는 어른들께 인사를 했기 때문이다.'라는 말이라면 이것을 증명하기 위해서는 '내가 어른들께 인사를 하지 않았다면 부모님께 꾸중을 들었을 것이기 때문이다'라고 설명하면 되는 거죠.

조금 더 어려운 예를 들어 볼까요?

'1+1=2이다. 왜냐하면 1+1은 2보다 작을 수도 없고, 2보다 클 수도 없기 때문이다.'

귀류법이 조금 이해가 되나요? 한서 학생이 친구들에게 또는 부모님에게 자신의 생각을 말할 때, 자기도 모르게 이 귀류법을 사용하고 있을 거예요. 오로지 수학에서만 사용하는 것은 아니에요. 난 차후의 연구에도 이 '귀류법'을 많이 사용하였답니다. 특히 도형에 관련된 증명을 할 때는 더 많이 필요하거든요.

- 아르키메데스는 원을 여러 개의 작은 삼각형으로 메워서 그 삼각형들의 넓이의 합을 구하는 방법으로 원의 넓이를 구했다.

- 원의 넓이는 '원주율×반지름×반지름'의 식으로 구할 수 있다.

- 도형 안에 여러 개의 작은 도형을 메워서 원래 도형과 메운 도형들과의 차이를 줄여나가는 방법을 '실진법'이라고 한다. 이 '실진법'은 후대의 '적분법'을 발견하는 데에 중요한 아이디어를 제공했다.

- 아르키메데스는 원의 넓이를 사람들에게 소개할 때 '귀류법'이라는 증명방법을 사용했다. '귀류법'은 내가 주장하고 싶은 것의 반대가 틀렸다는 것을 밝혀서, 내 주장이 옳음을 나타내는 방법이다.

음……, 실진법이라. 이것을 원의 넓이를 구하는 데 사용하면 되겠군!

더 작게, 더 작게 나눈다면 그 차이를 무시해도 되겠어! 아~이렇게 되면 원의 넓이가 아주 쉬워지겠는걸? 허허

좋았어! 이렇게 삼각형의 넓이로 바꿀 수 있겠군. 이때 삼각형의 밑변은 원의 둘레와 같고, 높이는 반지름과 같구나.

자, 그래서 원의 넓이는 '원주율×반지름×반지름'이 되는 것입니다!

어이~ 아르키메데스! 자네가 한 얘기 중에서 이상한 부분이 있다고!

내 생각을 저 사람들이 알게 하려면 정확하고 논리적으로 설명해야 하는데 어떻게 하지?

너 어제 할아버지께 인사 안 드렸지?

인사드렸어요! 만약 내가 인사를 안 드렸다면 할아버지께서 날 혼내셨을 거라고요!

아하! 저 방법이 있었군!

여러분! 원의 넓이는 삼각형의 넓이보다 작을 수도 없고, 클 수도 없습니다. 왜냐하면……
그러니까 삼각형의 넓이가 되는 것입니다.

음, 저렇게 논리적으로 말하니 더 이상 의심할 필요가 없겠어. 역시 아르키메데스는 대단해!

제06장

구에 색을 칠하려면 페인트의 양은 얼마나 필요할까요?

📋 교과 연계

중등 1 | 원뿔, 원기둥, 구의 겉넓이와 부피

📋 학습 목표

원의 넓이를 구하는 방법을 이해했다면 구의 겉넓이 구하는 방법을 학습한다. 아르키메데스는 구의 겉넓이 구하는 방법을 귀류법을 이용해 증명했는데, 구의 중심을 지나는 원의 넓이를 이용해 구의 겉넓이를 구하는 방법을 알아본다.

아르키메데스 아저씨, 축구공과 같이 공 모양에 색을 칠하려면 페인트의 양은 얼마나 필요한가요?

아르키메데스 지금 한서 학생의 질문은 축구공의 겉넓이와 관련이 있는 것 같군요. 축구공과 같은 공 모양을 수학에서는 '구'라고 해요. 이 구의 특징은 어느 쪽으로 잘라도 잘려진 면이 원이라는 점과 아무리 돌려보아도 각이 하나도 없다는 점이에요. 우리 생활 주변에도 구 모양을 가진 것이 많죠? 먼저 지구뿐만 아니라 해, 달, 사과와 같은 과일, 여러 가지 공 등 정말 많네요. 우리 주변에 이렇게 많은데 구에 대해서 알려진 정보는 거의 없었어요. 사람들이 많이 궁금해 하기도 했죠.

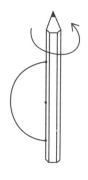 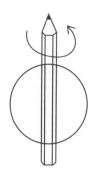

구는 원과 떼어놓을 수 없는 관계예요. 왜냐하면 구를 만들려면 원을 한 바퀴 회전시켜야 하거든요. 지금

연필에다가 그림과 같은 반원을 잘라서 붙여 보세요. 그리고 이 연필을 한 바퀴 돌리는 거예요. 좀 더 빨리 돌려볼까요? 어때요? 이 반원이 돌면서 공 모양이 생기는 것이 보이나요? 이렇게 구를 눈 앞에서 직접 만들 수 있어요.

자, 이제 본격적으로 구의 겉넓이에 대해서 알아볼까요? 여러분 혹시 사과 깎아 본 적 있나요? 사과의 꼭지 부분부터 돌려가면서 깎는 것 말이에요. 이렇게 사과를 깎으면 사과 껍질이 돌돌 말려진 채로 남게 되죠? 이 사과 껍질이 결국 사과의 겉넓이, 즉 구의 겉넓이와 같은 거예요. 그렇다면 사과 껍질처럼 생긴 띠의 넓이를 구할 수 있다면 구의 겉넓이도 구할 수 있겠죠?

난 옛날 수학자들이 연구한 것과 내가 그 전에 연구했던 것을 함께 생각해 보았죠. 그 전에 원과 관련된 입체도형의 이름 정도는 알고 있어야 해요. 난 구뿐만이 아니라 원기둥,

원뿔의 모든 성질과 조건을 함께 검토하여 구의 겉넓이나 부피를 알아냈거든요. 원기둥은 원을 밑면으로 하는 기둥이에요. 우리 주변에서 음료수 캔을 생각하면 되겠네요. 그리고 원뿔은 우리가 생일날 쓰는 고깔모자 모양이고요. 원뿔대는 고깔모자에서 위의 뾰족한 부분을 잘라낸 모양이에요. 쉽게 장독대 뚜껑을 상상하면 돼요.

먼저, 구의 겉넓이는 원뿔의 겉넓이를 통해서 힌트를 얻었어요. 원뿔에서 다음 그림과 같이 윗 부분을 잘라냈다고 생각해 봐요.

이때 아랫부분의 옆면을 보면 파란색 곡면인 띠가 생기죠? 난 이 띠의 넓이를 구하는 것을 연구했어요. 원래의 원뿔과 잘려진 원뿔 사이에 모양이 같은 점을 이용했죠. 그 결과는 성공이었답니다.

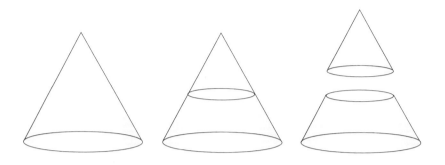

이 결과를 바탕으로 구의 겉넓이를 구하기 시작했어요. 여기서도 '실진법'을 사용했는데, 다음의 그림처럼 구를 여러 조각으로 잘랐어요. 그러면 아래 그림처럼 같은 띠가 여러 개 생겨요. 사과껍질처럼 말이에요. 그 띠들의 넓이를 합하게 된 거죠. 마찬가지로 많은 조각으로 자를수록 실제 넓이와 비슷해져요. 그래서 여러 번 구를 잘라야 했죠. 이제 도형을 자르는 것쯤은 아주 익숙해졌거든요.

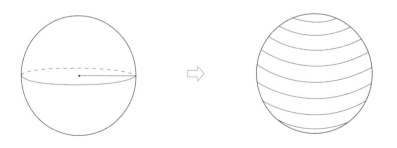

이 방법으로 구의 겉넓이를 구했답니다. 그래서 나온 결과
는 다음과 같아요.

구의 겉넓이＝
4 × 원주율 × 구 중심원의 반지름 × 구 중심원의 반지름

위의 식은 구의 겉넓이는 구의 중심이 되는 원 넓이의 4배
임을 알 수 있어요. '원주율 × 반지름 × 반지름'이 원의 넓이
라는 것은 위에서 배웠잖아요. 사실 나는 이 방법을 생각하
기 전에 머릿속으로 왠지 4배일 것 같다는 생각을 했어요. 내
눈엔 그냥 4배로 보였거든요. 그래서 주변의 여러 구들을 가
지고 실험해 보았죠.

내 예상이 맞아떨어지자 주변 사람들에게 알렸어요. 그랬더
니 이번에도 증명해 보이라고 하더군요. 난 원의 넓이 때와 마
찬가지로 증명 방법 중 하나인 '귀류법'을 선택했어요. 구의
겉넓이는 중심원 넓이의 4배보다 클 수도 없고, 작을 수도 없
다는 것을 설명했어요. 이번에도 내 생각은 인정되었죠.

구의 겉넓이가 중심원의 넓이 4배라는 것을 발견했을 때,
난 원이 너무 경이로웠어요. 너무너무 복잡해 보였던 구의

겉넓이가 원의 4배라고 딱 떨어지니 말이에요. 난 이때부터 왠지 구와 원 사이에는 많은 비밀스러운 규칙이 있을 것 같다는 생각이 들었어요. 아마 이때부터 원, 구, 원과 관련된 입체도형에 재미를 느끼고 더 연구하게 되었던 것 같아요. 더 많은 비밀들을 밝혀낼 수 있을 것 같았거든요. 옛날이나 지금이나 아무도 밝혀내지 못한 비밀이나 불가사의를 탐구

하는 것은 흥미로운 일이잖아요?

　그렇다면 축구공의 겉넓이를 같이 구해 볼까요? 자, 축구공의 겉넓이를 구하려면 먼저, 무엇을 알아야 할까요? 구의

겉넓이를 구하는 식에서 필요한 요소들을 찾아보세요. 그렇죠! 다른 값들은 다 알고 있지만 구 중심원의 반지름을 알아야 하죠?

그렇다면 축구공에서 중심을 포함하는 원의 반지름은 어떻게 구할 수 있을까요? 축구공을 잘라봐야 할까요? 물론 잘라보는 것이 가장 확실한 방법이긴 하지만, 축구공의 겉넓이

축구공의 반지름을 구하는 방법은?

축구공을 바닥에 세워놓고, 자를 이용해서 축구공의 높이를 재는 거야.

이 높이가 축구공의 지름이 되므로 2로 나누어 주면 11cm군!

축구공에 꼭 맞는 원기둥을 만들면 돼. 커다란 종이로 축구공을 한바퀴 감싸는 거지. 그리고 나서 원기둥의 반지름을 재면 되는 거야.
어때? 쉽지? 11cm군.

난 도구를 이용해서 잴 거야. 우리 형이 공학을 공부하는데, 버니어캘리퍼스라는 도구가 있대. 이 도구 사이에 축구공의 넣고, 그 지름을 구한 다음에 2를 나누어 주면 되지. 11cm군.

를 구하기 위해 매번 축구공을 자를 수는 없잖아요. 그렇다면 어떻게 구해야 할까요? 구하는 방법은 많아요. 한서 학생의 친구들이 몇 가지만 알려 주겠다네요.

  한서 학생의 친구들의 도움으로 축구공의 반지름이 11㎝인 것을 알게 되었어요. 아주 좋은 친구들을 두었는데요? 그렇다면 이제 구하기만 하면 되네요. 먼저, 구의 겉넓이는 구의 중심을 포함하는 원 넓이의 4배니까 중심원의 넓이부터 구하자고요. '11×11×3.14'는 '379.94'가 나오는군요. 여기에다가 4배니까 곱하기 4를 해 주면 되요. '379.94×4'는 '1,519.76'! 축구공의 겉넓이는 약 1,519㎠네요. 휴~! 이제 모든 구의 겉넓이를 구할 수 있겠죠?

한서 아르키메데스 아저씨! 구의 겉넓이를 구할 때, 갑자기 왜 4배라는 생각을 하게 된 거죠? 꿈에 '4'라는 숫자라도 나온 건가요?

아르키메데스 하하! 이 질문을 기다리고 있었어요. 모두들 나를 천재라고 부르는데 사실 난 천

재라기보다는 열심히 노력하는 사람에 가까웠어요. 이 '4'라는 숫자를 발견하게 된 것도 노력하는 과정이었죠. 사실, 이 4배라는 사실을 떠올렸던 것과 같은 경우가 내 인생에서는 많았어요. 딱히 복잡한 식을 쓰지 않아도 눈에 보이거나 추측할 수 있었던 적이 종종 있었거든요. 이런 것을 '직관'이라고 해요.

난 수학적 직관력이 뛰어났던 것 같아요. 후대 사람들이 나를 대단하게 생각하는 이유 중 하나죠. 하지만 그런 시선이 부담스러울 때도 있어요. 왜냐하면 이런 직관은 타고나는 것도 있지만 노력하면 더 발달되거든요. 누구나 가질 수 있는 힘이에요. 나만 특별히 갖고 있는 것이 아니죠.

한서 학생도 직관력이 있어요. 예를 들어, 주사위가 여러 개 쌓여 있는 걸 보았을 때, '몇 개쯤 될 것이다'라는 생각이 들죠? 일일이 세어보지 않아도 말이에요. 이때도 직관이 사

용된 것이랍니다. 또, 양팔저울에 두 물건을 올려놓았을 때, 무거운 쪽으로 기울어질 것이라는 생각! 이런 것도 직관이 힘을 발휘한 것이죠. 누가 가르쳐주지 않아도 내 머릿속으로 그려지는 것 말이에요.

이 직관력을 어떻게 키우냐구요? 직관력은 모두 관찰에서 비롯된답니다. 난 멍하니 하늘을 보며 별의 운동을 생각하거나, 바닥에 여러 가지 도형들을 그리면서 그들 간의 관계에 대해서 골똘히 생각하곤 했거든요. 이런 내 생활습관들이 수학적 직관력을 키워줄 수 있었던 것 같아요. 그렇지만 수학은 직관만으로는 설명할 수 없어요. 수학이라는 학문은 모든 사람들에게 내 생각을 논리적으로 설명할 수 있어야 하거든요. 그래서 여러 가지 증명법들을 써서 수학자들은 자신들의 생각을 설명하고 설득하죠.

- 구의 겉넓이는 구의 중심을 지나는 원의 넓이의 4배이다. 식으로 나타내면 '구의 겉넓이=4×원주율×구의 반지름×구의 반지름'으로 나타낼 수 있다.

- 아르키메데스는 구의 겉넓이가 구의 중심을 지나는 원의 4배일 것이라고 예상했다. 이런 그의 생각을 수학적으로 증명하기 위해 귀류법(A보다 작을 수도 없고, 클 수도 없으므로 A이다)을 통해서 설명했다.

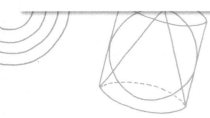

저 달 표면의 넓이는 얼마일까?

음...... 구의 부피라...... 구의 부피라......

어라~! 오렌지 껍질의 넓이가 오렌지 중심원의 4배쯤 될 것 같은데?

좋아! 구의 겉넓이는 구 중심원의 4배로구나! 아~ 역시 구는 아름다워~!

원뿔대의 넓이를 구해서 구를 여러 조각으로 나눈 다음에...... 그렇지!

정말 4배로 딱 떨어지는 거요?

그렇소, 왜냐하면 4배보다 작을 수도, 클 수도 없지 않소?

음. 그리스의 아르키메데스가 구의 겉넓이를 구했다고? 어허~! 참 대단할세.

난 영원히 구할 수 없을 줄만 알았소! 아르키메데스가 관찰력이 뛰어나다더니 그 말이 사실인 것 같구려.

제07장

구의 부피는 원뿔의 부피와 관련이 있다고요?

📋 **교과 연계**

중등 1 ┃ 원뿔, 원기둥, 구의 겉넓이와 부피

📋 **학습 목표**

아르키메데스의 모든 수학적 방법과 지식을 모아서 구의 부피를 구할 수 있었다. 이제 구의 부피가 원기둥, 원뿔의 부피와 어떤 관계가 있는지 알아본다. 구의 부피를 구하려면 무엇이 필요하고 어떻게 구할 수 있는지 이해한다.

한서 어머니께서 과일을 사오셨는데요, 오렌지와 수박의 크기가 너무나도 다른 거예요. 오렌지는 수박의 몇 배쯤 되는지 알 수 있어요? 둘 다 구 모양이잖아요. 어디서부터 시작해야 할지 모르겠어요. 흑흑.

아르키메데스 한서 학생이 과일을 좋아하나 봐요. 이 두 가지 과일 모두 공처럼 생긴 구의 형태를 가지고 있죠? 두 과일의 크기를 비교하려면 구의 부피에 대해서 알아야 해요.

부피라는 개념은 알고 있나요? 부피는 어떠한 물체가 차지하는 공간이에요. 음, 그러니까 한서 학생이 차지하는 공간이 한서 학생의 부피가 되는 거죠. 이 부피는 무게와는 상관

이 없어요. 수박의 무게가 훨씬 무겁지만 크기가 같은 수박과 비치볼의 부피는 서로 같거든요. 왜냐하면 차지하고 있는 공간이 같잖아요? 이제 부피의 개념을 알겠나요? 쉽게 크기라고 생각해도 괜찮을 것 같군요.

이제 구의 부피를 구하는 방법에 대해서 설명할 텐데요. 그 전에 알아놓아야 할 것이 있어요. 이 사실은 내가 구에 대해서 연구하기 전부터 알려져 왔던 사실이에요. 바로 원기둥과 원뿔의 부피 관계예요.

옆의 그림처럼 밑면인 원의 크기가 같고, 높이가 서로 같은 원기둥과 원뿔이 있어요. 이때의 원뿔의 부피는 원기둥 부피의 $\frac{1}{3}$ 이라는 것이죠. 이 얘기는 원기둥에 물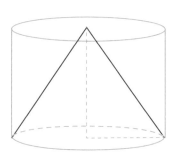을 가득 채우려면, 고깔모자로 3번 부어야 한다는 것과 같아요. 이것은 원뿔과 원기둥 사이에서만 적용되는 것은 아니에요. 모든 기둥과 뿔에서 적용되는 것이죠. 한 번 더! 밑면의 크기와 높이가 같을 때, 원기둥은 원뿔 부피의 3배이다. 잊지 마세요!

한서 학생! 바로 앞에서 우린 구의 겉넓이에 대해서 공부
했었죠? 구의 겉넓이는 그 중심원 넓이의 몇 배라고 했죠?
그렇죠. 4배! 4라는 숫자는 원과 관련이 많은 숫자예요. 이제
이 '4'가 왜 중요한 숫자가 되는지 알아보자고요.

구의 부피는 구의 겉넓이와 마찬가지로 특수한 원뿔과 함
께 생각해야 해요. 그리고 이 두 가지 도형은 다음과 같이 있
을 때 더 큰 의미를 가져요. 바로 구의 중심면과 원뿔의 밑면
이 같고, 원뿔의 높이는 구의 반지름과 같을 때죠. 그림처럼
말이에요.

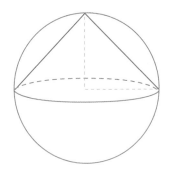

구의 부피를 구할 때도 앞에서 사용했었던 모든 방법들을
사용했어요. 여러 조각으로 나누어 보는 '실진법', 오랜 관찰

로써 길러졌던 나의 '직관력', 그리고 내 생각을 사람들에게 설명할 때는 '귀류법'도 사용했었죠. 구의 부피를 구하는 것은 내 연구의 총집합이라고 해도 과언이 아니에요.

먼저 실진법부터 사용해 볼까요? 구의 겉넓이를 구하는 것과 같이 원뿔을 층층이 나누어서 한 층의 부피를 구했죠. 그때 여러 수학책을 읽어야 했었고, 많은 날들을 계산하고 또 계산했었죠. 내가 도형에 대해 알고 있는 모든 지식들이 필요했어요. 그리고 포기하지 않는 끈기도 필수였고요. 힘들었지만 난 결국 원뿔의 한층 부피를 구하는 데 성공했어요. 이 방법을 알고 난 뒤에는 지름과 높이를 알고 있으면 어떠한 크기의 층의 부피도 구할 수 있었죠. 이제 이런 여러 개의 층

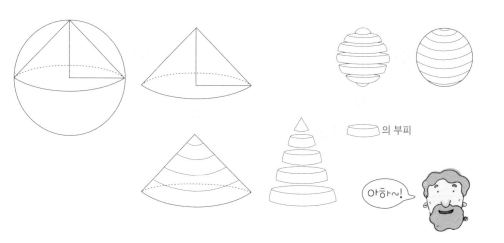

의 부피

아하~!

들을 구의 모양대로 쌓으면 되는 거죠.

이때도 층의 두께가 얇을수록 더 완벽한 구의 부피를 구할 수 있었어요. 그만큼 차이가 줄어든다는 것이죠. 실진법에서 작게 나누면 나눌수록 원래 도형의 넓이와 부피와 같아진다는 것은 이제 알고 있겠죠? 하하.

이렇게 원뿔을 잘라서 구의 크기와 맞추어 봤더니 또 이 '4'라는 숫자가 나오는 것이 아니겠어요? 또 4배인 거예요. 바로 구의 부피는 반지름과 높이가 같은 원뿔 부피의 4배라는 결과가 나왔어요. 이 사실을 알았을 때 난 온몸에 소름이 끼치면서 구라는 도형에 대해서, 나아가서는 원과 관련된 모든 도형에 대해서 존경심마저 생겼다니까요.

원기둥의 부피를 알면 원뿔의 부피를 알 수 있고, 원뿔의 부피를 알면 구의 부피를 알 수 있다니! 어떻게 이렇게 서로서로 연결이 되어 있는지 신기했어요. 구의 부피를 구하려면 결국 원기둥의 부피를 구할 수 있으면 돼요. 원기둥의 부피는 이미 구하는 방법이 알려져서 사람들도 쉽게 사용하고 있었거든요.

구의 겉넓이에서도 이 '4'가 나온 것을 기억하고 있죠? 겉넓이에서는 중심원의 넓이의 4배였고, 부피에서는 원뿔 부피의 4배가 되는 거예요. 이 '4'라는 숫자가 왠지 구의 비밀을 쥐고 있던 열쇠라는 생각이 들었죠.

난 이 사실을 내가 만들어 냈다고 생각하지는 않았어요. 자연 속에 포함되어 있던 사실을 내가 발견했을 뿐이라고 생각했죠. 사실, 부피를 구할 때도 나의 수학적 직관력이 사용되었어요. 난 지속적인 관찰로 4배일 수도 있다는 생각을 했

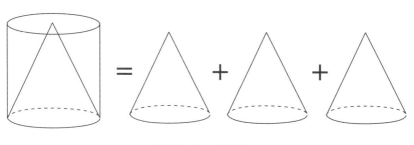

원기둥의 부피＝원뿔의 부피×3

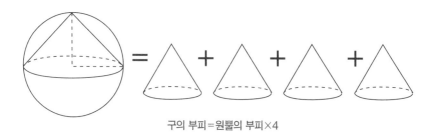

구의 부피＝원뿔의 부피×4

고, 알고 있던 지식을 바탕으로 그것을 증명해낸 거죠. 어떻게 보면 내가 운이 좋았다고 말할 수 있겠군요. 이렇게 해서 난 구의 부피는 원뿔 부피의 4배라는 결과를 발표할 수 있었어요.

이제 우리가 구, 원기둥, 원뿔의 부피에 대해서 알고 있는 것은 다음 두 가지가 돼요.

앞의 사실을 통해서 구의 부피를 간단하게 표현해 보자고요. 먼저 원기둥의 부피는 어떻게 구하죠? 직육면체 부피를 구하는 것과 같아요. 밑면의 넓이에 높이를 곱하는 거죠. 그렇다면 원기둥은 '원의 넓이×높이'가 되겠군요. 이 원기둥 부피의 $\frac{1}{3}$이 원뿔의 부피니까, 원뿔의 부피는 '원의 넓이× 높이×$\frac{1}{3}$'이 되네요. 이 원뿔의 부피의 4배가 구의 부피이죠? 구의 부피는 '원의 넓이×높이×$\frac{1}{3}$×4'라고 표현할 수 있어요. 이때 높이는 무엇과 같을까요? 원기둥의 높이는 원뿔의 높이와 같고, 원뿔의 높이는 구의 반지름과 같아요. 그림을 보면 알 수 있잖아요.

이제 식을 더 풀어볼까요? 원의 넓이는 '반지름×반지름× 원주율'이니까 결국 구의 부피는 '반지름×반지름×원주율 ×높이×$\frac{1}{3}$×4'가 되네요. 식이 너무 긴가요? 참! 여기서 높 이를 반지름으로 바꾸어 보자구요. '반지름×반지름×원주 율×반지름×$\frac{1}{3}$×4' 결국 반지름을 세 번 곱한 것에 원주율 과 $\frac{4}{3}$를 곱해 주면 돼요. 너무 어렵나요? 괜찮아요! 딱 3번만 반복해서 읽으면 이해가 될 거예요. 하하! 한서 학생은 이제 수학을 꽤 한다고요.

$$구의 부피= 반지름×반지름×반지름×원주율×\frac{1}{3}$$

자, 위의 식을 보세요. 결국 구의 부피를 구하기 위해서 우 리가 알아야 할 값은 한 가지네요. 바로 구의 반지름이에요. 앞에서 구의 반지름 구하는 방법을 소개했었죠?

이제 오렌지와 수박의 부피를 비교할 수 있어요. 각각의 부피를 구해 보면 되거든요. 오렌지의 반지름을 5㎝라고 해 볼까요? 그러면 반지름의 길이를 구의 부피 구하는 식에 넣 으면 '5×5×5×3.14×$\frac{4}{3}$'가 되니까, 답은 '523.3333…'이 나오네요. 오렌지의 부피는 약 523㎤가 되네요.

이번엔 수박의 부피를 구해 볼까요? 수박의 반지름이 15 cm니까, 마찬가지로 식에 넣으면 '$15 \times 15 \times 15 \times 3.14 \times \frac{4}{3}$' 가 되고, 답은 '14,130'이 나와요. 수박의 부피는 14,130cm³ 네요. 와, 오렌지와 수박의 부피 차이가 엄청난데요? 거의 27 배예요.

눈으로 확인한 것을 정확한 숫자로 알게 되니 기분이 좋죠? 한서 학생도 수학자가 될 준비가 된 것 같은데요?

이것이 끝이 아니에요. 한서 학생! 내 묘비에는 $\frac{2}{3}$ 라는 숫자가 새겨져 있어요. 내가 살아 있을 때 특별히 부탁했거든요. 이 얘기도 궁금하지 않나요? $\frac{2}{3}$ 라는 숫자의 비밀도 알려 주고 싶어요.

- 구의 부피는 아르키메데스가 사용해왔던 모든 수학적 방법, 지식이 모여서 만들어진 결과이다.

- 구의 부피는 원기둥, 원뿔의 부피와 관련이 깊다.

- 구의 부피는 그림과 같이 구의 중심원을 밑면으로 하고 높이가 구의 반지름과 같은 원뿔의 부피의 4배이다.

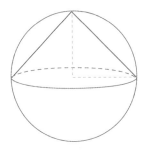

- 구의 부피는 '반지름×반지름×반지름×원주율 $\times \dfrac{4}{3}$'로 나타낼 수 있다.

아르키메데스 씨!
이 수박 한 통을
방울토마토 몇 개와
바꾸어야 합니까?

음, 구의
부피를 알아야
하겠군요..

실진법을 사용해 볼까?
우선 내가 이미
알고 있는 것을
정리해 보자고.

여보. 이것 좀 먹고
해요. 아유~ 냄새!
도대체 샤워는 언제
하고 안 한 거예요?

……

만세~

야호~! 알아냈어!
그런데 이런
아름다운 값이라니……
아~ 발끝까지 행복하군.

그래서 방울토마토
120개와 수박 한
통을 바꾸면 되오.

아~그렇게 쉽다니?
이제 이런 문제는 우리끼리
스스로 해결할 수 있겠소.
고맙소. 아르키메데스!

음, 아무리 생각해 봐도
놀라워. 원기둥 부피의 $\frac{1}{3}$ 이
원뿔의 부피이고, 이 원뿔
부피의 4배가 구의 부피라니……
어떻게 수학을 아름답지
않다고 하겠어?

유언이 있……소……
내 묘비에
원기둥과 구, $\frac{2}{3}$ 를
새겨…… 주시오…….

왜 아르키메데스는
이걸 묘비에 새겨
달라고 한 거지?

제08장

서로 겹쳐져 있는 구, 원기둥, 원뿔의 부피는 어떤 관계가 있을까요?

교과 연계

중등 1 | 원뿔, 원기둥, 구의 겉넓이와 부피

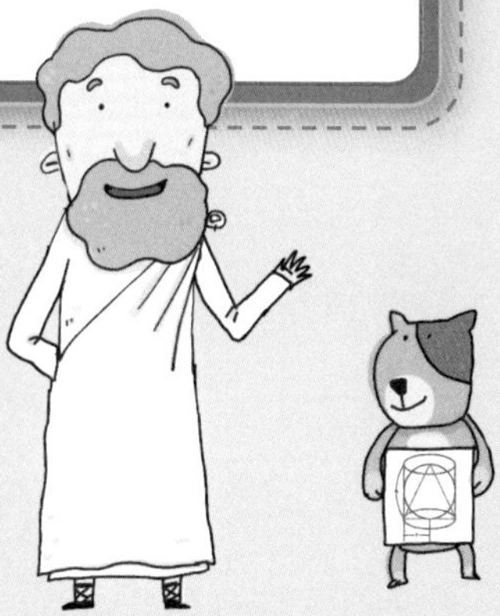

학습 목표

구, 원뿔, 원기둥의 부피를 구하는 데서 한단계 더 나아가 원기둥에 내접하는 구의 부피와 원뿔의 부피를 원기둥의 부피를 이용해서 알아본다. 그리고 밑면의 지름과 높이가 같은 원기둥 안에 꼭 맞게 들어가는 구, 원뿔, 원기둥의 부피의 관계에 대해서도 살펴본다.

한서 오른쪽 그림이 묘비 위에 새겨져 있다던데, 이 그림이 구의 부피와 관련이 있나요?

$\dfrac{2}{3}$

아르키메데스 사실 이 질문을 계속 기다려왔어요. 내가 한 일 중에 제일 자신 있고, 자랑스러운 일이거든요. 난 구에 대해서 연구하면서 너무 뿌듯했기 때문에 묘비에 구, 원기둥 그리고 $\dfrac{2}{3}$ 라는 숫자를 새겨 달라고 부탁했어요. 이 얘기가 사람들에게 퍼졌죠.

　몇 백 년 뒤, 많은 전쟁으로 내 무덤이 있던 자리를 찾을 수 없었어요. 로마의 키케로는 내 무덤을 묘비의 원기둥과 구를 보고 확인했죠. 하지만 또 다시 내 무덤은 사람들의 기억에서 잊혀져 갔어요. 그러다가 1965년 시라쿠사의 호텔 공사 중에 내 묘비를 발견하였죠. 이번에도 묘비의 그림을 보고 확인하게 된 거예요. 묘비에 새겨놓길 잘했죠?

음...... 아르키메데스의 무덤을 찾아야겠어. 그 주변에 아르키메데스의 업적이 묻혀 있을지도 몰라. 영차~영차~

현대 시쿠라사의 호텔 공사 현장

소장님! 땅을 파던 중에 이상한 돌이 발견되었습니다. 돌 위에 도형이 그려져 있는데, 어떻게 할까요?

뭐? 그것은 아르키메데스의 묘이네. 당장 공사를 중단하고 수학자에게 연락하게나.

앗! 이 그림은 아르키메데스가 묘비에 새겼다던 그림이군. 이곳이 맞아~!

아 참! 한서 학생의 질문에 답을 해야겠군요. 답은 '관련이 있다'예요. 그것도 아주 밀접한 관련이 있죠. 이 그림이야말로, 구가 완전한 도형이며, 내가 도형을 사랑하는 이유죠.

한서 구의 겉넓이나 부피 모두 '4'라는 숫자와 관련이 있는데 왜 하필 $\frac{2}{3}$ 라는 숫자를 묘비에 새기게 된 거죠?

아르키메데스 그것은 앞에 나왔던 구, 원기둥, 원뿔 부피의 관계를 보면 알 수 있어요. 원뿔은

원기둥 부피의 $\frac{1}{3}$ 배이고, 구는 원뿔 부피의 4배이죠? 그래서
이 세 가지 도형을 겹쳐서 그려 보기로 했죠. 그러면 셋 간의
관계를 더 잘 찾을 수 있을 것 같았거든요. 이때의 원기둥은
구의 반만 감싸고 있어요. 그래서 난 구 전체를 감싸는 원기
둥을 옆에다 하나 그렸죠. 그래서 왼쪽 원기둥을 작은 원기
둥, 오른쪽 원기둥을 큰 원기둥이라 생각했어요. 큰 원기둥은
작은 원기둥의 두 배가 되겠죠?

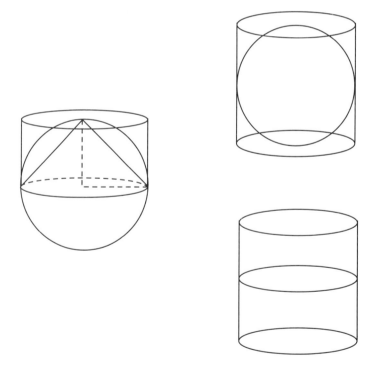

위 그림을 토대로 구 전체를 감싸는 큰 원기둥을 중심으로 구의 부피를 정리해 보았어요. 그 이유는 원기둥의 부피를 구하는 것이 제일 쉬웠기 때문이에요. 그리고 구의 반만 감싸는 원기둥보다는 구의 전체를 감싸는 원기둥이 더 좋은 비교대상이라고 생각했지요.

다음은 내가 알고 있는 것을 머릿속에서 정리한 것이에요.

알고 있는 것   ❶ 원뿔의 부피＝작은 원기둥의 부피×$\frac{1}{3}$

❷ 구의 부피＝원뿔의 부피×4

❸ 작은 원기둥의 부피＝큰 원기둥 부피×$\frac{1}{2}$

그렇다면 구의 부피와 구 전체를 감싸는 원기둥의 부피의 관계를 알아볼까요? 원뿔의 부피를 ★라고 해 봐요. 그렇다면 이제 퀴즈를 낼 테니까 한번 맞춰 보세요.

❶ 원뿔의 부피가 ★일 때, 구의 부피는 몇 개의 ★가 되죠?
⇒ 구의 부피는 원뿔 부피의 4배이니까 ★★★★이 돼요.

❷ 원뿔의 부피가 ★일 때, 작은 원기둥의 부피는 몇 개의 ★가 되죠?
⇒ 작은 원기둥의 부피는 원뿔 부피의 3배니까 ★★★이 돼요.

❸ 작은 원기둥의 부피가 ★★★이죠? 그렇다면 큰 원기둥의 부피는 몇 개의 ★가 되죠?

⇒ 작은 원기둥의 2배가 큰 원기둥이니까 ★★★★★★이 돼요.

❹ 구의 부피 ★★★★와 큰 원기둥 부피 ★★★★★★은 서로 어떤 관계가 있나요?

⇒ 4개일 때 6개이니까, 큰 원기둥의 부피에 $\frac{2}{3}$를 곱하면 구의 부피가 되죠. '$6 \times \frac{2}{3} = 4$'이니까요.

자, 이제 $\frac{2}{3}$라는 숫자를 발견했나요? 난 구 전체를 감싸는 원기둥 부피의 $\frac{2}{3}$가 구의 부피라는 것을 알게 되었죠. 이 순간만큼은 세상을 다 얻은 느낌이었어요. 혼자서 감격의 눈물까지 흘렸다니까요.

너무 간단하게 구의 부피를 구할 수 있지 않나요? 내가 발견한 사실이 사람들에게 도움이 될 생각을 하니 정말 행복해졌어요. 난 고민하지 않고 내 평생 $\frac{2}{3}$라는 숫자를 잊지 않기로 했죠. 그래서 내 묘비에까지 새긴 것이랍니다.

한신 그렇다면 오른쪽 그림과 같은 모양의 입체들 사이에도 어떤 관계가 있지 않을까요?

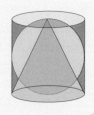

 한서 학생! 아주 좋은 질문이에요. 내가 궁금했던 것도 마찬가지였어요. 나는 이 질문을 해결하기 위해 구의 부피를 구하는 과정을 자세히 살펴보았죠. 거기서 또 하나 놀라운 것을 발견했어요. 뿔의 부피는 기둥의 부피의 $\frac{1}{3}$ 이니까 그림의 초록색 원뿔은 빨간색 원기둥의 $\frac{1}{3}$ 이죠? 그리고 파란색 구는 빨간색 원기둥의 $\frac{2}{3}$ 이고요. 이 얘기는 결국 빨간색 원기둥의 부피는 파란색 구의 부피와 초록색 원뿔의 부피를 더한 것이 되는 거죠.

구와 원통을 합치면 원기둥이 되지요.

원이란 참 오묘하지 않나요? 서로 간의 관계가 이렇게 딱 들어맞기도 힘들잖아요? 알면 알수록 더 빠져드는 느낌이에요. 내 평생의 반을 이 원과 관련된 일에 보냈으니 빠져드는 느낌이 아니라 빠졌다고 해도 되겠군요. 허허.

○ 원기둥에 내접하는 구가 있을 때, 구의 부피는 '원기둥의 부피$\times \frac{2}{3}$' 이다.

○ 원기둥에 내접하는 원뿔이 있을 때, 원뿔의 부피는 '원기둥의 부피 $\times \frac{1}{3}$'이다.

○ 오른쪽 그림과 같이 밑면의 지름과 높이가 같은 원기둥 안에 꼭 맞게 들어가는 구, 원뿔, 그리고 원기둥 부피의 관계는 다음과 같다.

원기둥의 부피＝원뿔의 부피＋구의 부피

원기둥의 부피 : 구의 부피 : 원뿔의 부피＝ 3 : 2 : 1

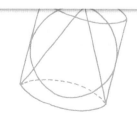

제09장

종이를 잘라서
구를 만들 수는 없나요?

📄 교과 연계

중등 1 원뿔, 원기둥, 구의 겉넓이와 부피

📄 학습 목표

종이를 가지고 최대한 구에 가깝게 만들어 보자. 구는 다른 도형처럼 평면에 나타내는 전개도는 없지만, 대신 구와 비슷한 입체도형을 만드는 방법을 알아보고, 구와 가장 비슷한 입체도형을 만들기 위한 노력에 대해서 알아본다.

한서 구는 정말 매력 있는 도형이군요. 그럼 종이로 이 구를 직접 만들 수 있나요?
수업시간에 전개도를 이용해서 주사위 정도는 만들어 봤거든요.

아르키메데스 한서 학생의 궁금증 수준이 점점 높아지고 있군요. 한서 학생의 생각은 어떤가요? 평면으로 그려진 세계전도를 본 적 있죠? 그리고 둥근 모양인 귤의 껍질을 까서 평면에 펼쳐 본 적이 있지 않나요?
하지만 정답은 구의 전개도는 만들 수 없다는 거예요. 갑자기 도전하고 싶은 마음이 생기지 않나요? 왜 구의 전개도를 만들 수 없을까요?

먼저, 전개도의 뜻부터 알아볼게요. 전개도란 '입체도형의 표면을 적당히 잘라서 평면 위에 펼쳐 놓은 도형'이에요. 여기서 중요한 것은 입체도형을 평면 위에 펼친다는 것이죠. 그리고 이 평면에 그려진 전개도를 접고 붙이게 되면 다시 원래의 입체도형을 만들 수 있어요.

구를 평면 위에 평편하게 펼친다는 것이 가능할까요? 얼핏 생각하면 구의 표면을 잘게 잘라서 평면 위에 깔면 되겠다는 생각이 들지요? 이렇게 자른 구의 조각은 조금씩의 곡면, 즉 입체인 모습을 갖게 되요. 그러면 평면에 가장 가까운 모양으로 만들기 위해 더 잘게, 더 잘게 자르는 것을 반복하게 되죠. 그 결과 무수히 많은 점으로 잘라지게 돼요. 이것은 전개도가 될 수 없죠. 몇 개의 평면이 아닌 수많은 점으로 이루어진 전개도는 의미가 없잖아요?

그렇다면 우리가 흔히 보는 오른쪽과 같은 세계지도는 뭐냐고요? 이것은 실제로 평편하게 만들 수 없는 지구본을 갖고 다니기 편리하도록 평면에 옮겨 그린 것이라고 할 수 있어요. 그러니 실제의 크기와는 약간씩 다를 수 있죠. 그래서 위도와 적도도 곡선으로 표현되어 있답니다.

그렇다면 한서 학생은 전개도도 없는 구를 어떻게 사람들이 만들어 내는지 궁금하지 않나요? 난 구의 전개도를 만들수 없다면 구와 가장 가까운 다면체를 만들어 보기로 했어요. 다면체라는 것은 말 그대로 많은 면을 가진 입체라는 뜻이에요. 정육면체는 6개의 면으로 구성되어 있죠? 이것처럼 면의 개수가 많은 입체도형을 통틀어서 다면체라고 부르는 거예요. 확실히 말하면 정육면체도 다면체의 하나라고 볼 수 있죠. 그 예로는 십이면체, 이십사면체 등등 아주 많아요. 아래 그림을 보세요. 점점 구의 모양과 가까워지는 것이 보이나요?

처음엔 8개의 면으로 시작해서 마지막은 92개의 면으로 이루어져 있죠. 위의 다면체를 사람들은 내 이름을 붙여서 '아르키메데스의 다면체'라고도 부른답니다. 위의 다면체에는 한 가지 규칙이 있어요. 두 종류 이상의 정다각형으로 이루어져 있다는 것이죠. 예를 들면 정삼각형과 정육각형으로 이루어진 팔면체, 정사각형과 정육각형으로 이루어진 14면 체처럼 말이죠. 이런 다면체를 총 13개 발견했어요. 정다각형으로 만들어진 다면체를 찾는 것도 그렇게 만만한 일은 아니었답니다. 이런 다면체는 전개도가 있어요. 실제로 이런 다면체를 만들 수 있다는 얘기죠.

나의 이런 노력에 후대의 수학자들과 건축가들이 아이디어를 더 보태어 구와 거의 똑같은 다면체를 만들어 냈어요. 여러분들 놀이공원이나 잡지에서 위와 같은 돔 형식의 건축물을 본 적 있죠? 이런 형식을 '지오데식 돔'이라고 한답니다.

이 돔 형식이 발표되었을 때 전 세계의 수학 분야와 건축

분야에서는 감탄을 금치못했어요. 수학적으로는 구에 가까운 입체도형을 가지게 된 것이고, 건축학적으로는 가장 적은 자재를 이용해서 많은 공간을 만들어내는 돔 형식을 가지게 된 것이기 때문이죠. 나뿐만 아니라 많은 사람들이 이 구를 만들기 위해 많은 노력을 했답니다. 물론 아직도 세계 곳곳에서는 구에 더 다가가기 위한 노력을 쏟고 있을 거예요.

여러분들이 주변에서 보는 많은 것들에 수학이 숨어 있다는 것이 놀랍지 않나요?

 한서 그렇다면 우리가 사용하고 있는 구 모양의 공들은 어떻게 만들었죠?

 아르키메데스 한서 학생은 고무공이나 가죽으로 된 공들을 얘기하는 것 같군요. 우선 고무공은 일정한 틀에다 녹아 있는 고무를 부어서 식히면 고무공이 되요. 그렇다면 녹지 않는 가죽으로 만든 공은 어떨까요? 한서 학생은 가죽으로 된 완전한 구 모양의 공을 보지 못했을 거예요. 실제로 만들 수 없거든요. 가죽은 평면이지만 이 평면으로는 곡면이 들어 있는 구를 만들 수 없어요. 왜냐하면 전

개도를 만들 수 없으니까요. 그래서 아래와 같이 농구공, 배구공, 축구공 등은 완전한 구라고 할 수는 없어요. 하지만 가죽의 늘어나는 성질을 이용해서 구의 모양에 최대한 가깝게 하죠.

자, 여기서 축구공을 한번 자세히 볼까요? 아래는 축구공의 전개도예요. 이것을 오려서 붙이면 축구공이 되죠. 이 축구공은 위에서 나왔던 '아르키메데스의 다면체' 중 하나랍니다. 정육각형 20개와 정오각형 12개로 이루어져 있어요. 사

람들이 축구공의 모양으로 나의 다면체를 선택한 것이죠. 왜냐하면 축구공은 약간의 각이 있을 때 경기가 더 재밌어지거든요. 이 점도 아주 영광으로 생각해요. 축구공을 볼 때마다 뿌듯한 마음이 들거든요. 이 '아르키메데스의 다면체'도 아주 유명하답니다.

이것처럼 종이를 가지고 구를 만들 수는 없지만 구와 비슷한 모양을 만들 수는 있어요. 구는 쉬워 보이면서도 신비한 매력이 있지 않나요? 여러분도 구에 대해서 더 궁금한 점이 있다면 한번 연구해 보세요. 아마 간단한 답이라도 전 세계를 놀라게 할 수 있을 거예요.

- 구를 평면에 나타내는 전개도는 그릴 수 없다.

- 전개도를 이용해서 구를 만들 수는 없지만, 구와 비슷한 입체도형은 만들 수 있다.

- 사람들은 구와 가장 비슷한 입체도형을 만들기 위해 노력을 아끼지 않고 있다.

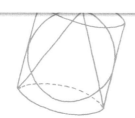

부록

아르키메데스와의
대화

전격 해부!

아르키메데스

한서 우와~! 이렇게 쟁쟁한 분들과 자리를 함께 하게 되어서 너무 영광이에요! 오늘 다 모인 김에 서로서로 궁금했던 점들을 물어보자고요! 어서 시작해요! 먼저, 각자 자기소개부터 해 주시죠? 전 아르키메데스 아저씨와 많은 얘기를 나눈 강한서라고 해요. 한국에서 초등학

교에 다니고 있고요. 수학을 잘하진 못하지만 엄청 좋아한
답니다.

아르키메데스   우선 나를 위해 많은 분들이 이 자리
에 모인 것에 감사드립니다. 우리가 서로 출생 지
역이나 시대가 달라서 만날 수 없었는데 오늘 같은 자리가
서로에게 많은 도움이 될 것 같군요. 난 오늘 이야기의 주
인공인 아르키메데스요. 나에게 궁금했던 점이 있었다면
오늘 다 물어보세요! 오늘만큼은 아주 솔직하고 자세하게
얘기해 줄게요. 허허허!

폴리비우스   안녕하시오. 난 역사학자 폴리비우스
요. 아르키메데스보다 훨씬 뒤의 사람이죠. 난 로
마의 역사를 쓰던 중에 아르키메데스의 일생에 흥미를 가
져서 몇 개월간 조사하고 그 기록을 남겼다오. 요즘 사람들
이 잘 알고 있는 아르키메데스에 대한 일화는 거의 다 내가
전했다고 해도 과언이 아니지요.

(아르키메데스의 아버지) 안녕하시오. 나는 아르키메데스의 아버지요. 여러분들이 나한테도 궁금한 것이 있을 것 같아 여기에 왔다오. 어렸을 적 아르키메데스에 대해서 궁금하면 나에게 물어보시오.

(히에론 왕) 반갑소. 난 아르키메데스가 살던 시절 시라쿠사의 왕 히에론이라고 하오. 내가 아르키메데스를 아주 좋아했었지. 그리고 아르키메데스도 날 좋아했던 것 같은데…… 하하하.

(도시테우스) 안녕들 하시오? 난 알렉산드리아에 사는 아르키메데스의 친구이자 같이 수학을 연구했던 도시테우스라고 하오. 아르키메데스는 나에게 자신이 연구한 것을 항상 종이에 써서 보내줬지요. 그래서 난 아르키메데스에게 잘된 점과 잘못된 점을 알려 주고, 알렉산드리아 사람들에게 소개하는 일을 했었소.

에라토스테네스 난 도시테우스의 제자였던 에라토스테네스라고 하오. 도시테우스가 죽은 뒤로 도시테우스를 대신하여 아르키메데스의 연구 결과를 받아보고, 이를 공부했다오. 아르키메데스가 알려 준 내용들이 내 연구 결과에도 많은 영향을 미쳤지요.

한서 아르키메데스 아저씨! 왜 아저씨가 연구한 내용을 알렉산드리아에 있는 도시테우스 씨나 에라토스테네스 씨에게 보내신 거예요?

아르키메데스 음, 그것은 우리 시라쿠사 수학자들에게는 미안한 말이지만 시라쿠사에는 내 연구 내용을 이해할 만한 사람이 없었기 때문이죠. 복잡한 도형이나 수식을 써서 시라쿠사 수학자나 마을 사람들에게 이야기해도 중간에 포기하고 내 얘기를 안 듣게 되죠. 그래서 난 시라쿠사 근처 도시인 알렉산드리아에 보낸 것이라오. 그리고 이 시절에 유명하거나 뛰어난 수학자들은 모두 알렉산드리아에 모여 있었죠. 나는 내 고향을 떠나기 싫었기 때문에 시라쿠사에 남았지만 알렉산드리아에 있는 수학자들이 부럽기도 했죠. 왜냐하면 서로 함께 모여 어려운 수학 얘기도 재미있게 나눌 수 있었기 때문이죠.

도시테우스 그렇소. 그 시절 알렉산드리아는 수학자들의 마음의 고향이나 마찬가지였죠. 그래도 멀리 있는 알렉산드리아까지 편지를 보내는 아르키메데스의 열정에 놀랐었소. 나는 아르키메데스의 글을 받아보면서 요즘에 아르키메데스가 어디에 관심이 있는지, 어떤 분야에 대해서 연구하고 있는지를 알게 되었소. 그리고 아르키메데스는 나에게 설명하는 식의 말로 글을 썼기 때문에 아주 쉽게 이해할 수 있었다오. 글 제목에는 항상 연구 주제나 결과를 간단하게 요약하여 보냈는데, 난 아르키메데스의 글을 모으면서 한 권의 책과 같다는 생각을 했다오.

폴리비우스 아~! 나도 알고 있소. 내가 로마의 역사를 조사하던 중에 아르키메데스가 똑같은 주소로 여러 통의 편지를 보낸 것을 알게 되었소. 그때의 이름이 도시테우스였지. 허허허. 여기서 만나다니 신기하군요. 난 무슨 연애편지라도 되는 줄 알았다오, 껄껄.

아르키메데스 허허. 난 내 글을 항상 애정 어린 시선으로 읽어주는 내 친구들, 도시테우스와 에라토스테네스에게 항상 고맙게 생각했소. 하지만 에라토스테네스는 아직 어렸었고, 수학에 대해 이제 막 공부하던 시절이어서 내 글을 이해하지 못한 경우도 있는 것 같았소. 어떻소? 에라토스테네스.

에라토스테네스 하하. 들켰군요. 아르키메데스 씨가 쉬운 말로 설명해 주었지만 그 내용이 그리 만만하진 않았다오. 특히나 구의 겉넓이나 부피를 구하는 과정은 아주 어려워 몇 번이나 읽고, 또 읽었지요. 그 이유로 내가 수학을 좀 더 잘하게 되었던 것 같소. 시라쿠사에서 아르키메데스 씨가 도시테우스를 그리워한다는 말을 들었을 때, 어서 공부해서 아르키메데스 씨에게 내 의견도 한번 얘기해 보고 싶다는 생각을 했었다고요. 비록 한 번도 그렇게 하진 못했지만 말이오. 수학자라고 해서 모두 다가 천재인 것은 아니잖소? 허허허.

도시테우스 가끔 아르키메데스는 짓궂기도 했어요. 자신이 발견한 연구 결과만 적어주고, 우리에게 한번 해결해 보라는 문제를 보내오기도 했죠. 그 과정을 설명해서 다시 보내달라는 글을 읽었을 때, 당황하긴 했지만 참 엉뚱하면서도 우리에게 수학문제를 직접 해결해 보게 하는 기회를 주는 깊은 마음에 뭉클하기도 했었죠. 또 한번은 연구 결과와 과정을 정리한 편지 한통을 받았는데, 며칠 뒤 한통의 편지가 또 오더군요. 그 내용은 '일부러 틀린 내용을 2가지 써서 보냈는데, 알렉산드리아에 있는 수학자들이 아무 말도 없는 것을 보니, 틀린 내용을 찾지 못한 것이오? 아니면 내 편지를 제대로 읽지 않은 것이오?'라고 왔었죠. 우리 알렉산드리아에 있던 수학자들은 모두 놀랐었고, 아르키메데스의 편지를 다시 읽으면서 아주 부끄러웠죠. 사실, 우리는 틀린 내용을 찾지 못했거든요. 뭐, 제대로 읽지 않은 책임도 있었겠지만요.

아르키메데스 음, 이 일에 대해서는 할 말이 좀 있소. 이 시절에는 알렉산드리아에 있는 수학자들이 다른 지역의 수학자들을 깔보는 분위기가 있었소. 난 그것이 못마땅했죠. 실제로는 다른 지역에도 훌륭한 수학자들이 많았음에도 알렉산드리아에 살지 않는다는 이유로 그 업적을 소홀히 하거나, 연구 결과를 무시하는 경우가 많았거든요. 난 그렇게 안일한 수학자들에게 무시하지 말라는 경고를 보내고 싶었던 거요. 어떻게 생각하면 내가 알렉산드리아가 아닌 고향 시라쿠사에 살았던 것이 더 잘된 것 같기도 해요. 혼자서 고독하게 여러 가지에 대해서 자유롭게 연구할 수 있었으니까요.

한서 하하. 정말 아르키메데스 아저씨는 알면 알수록 재미있는 사람이었던 것 같아요. 그런데 갑자기 궁금한 것이 생겼는데, 큰 업적을 쌓은 과학자에게는 노벨상이 주어지잖아요? 그런데 그 노벨상 영역 안에 수학은 없었던 것 같은데, 그럼 수학자들은 따로 받는 상이 없나요?

폴리비우스 없긴요. 있지요. 그것도 아주 명성이 높은 상이에요. 수학의 노벨상이라고 불리는 '필즈상'이라는 것이 있는데, 이 상을 받는 조건은 꽤 까다롭죠. 상을 받을 수 있는 나이도 정해져 있어요. 너무 늙으면 받지 못하거든요. 그런데 여기서 한 가지 우리가 알아야 할 것이 있군요. 여러분들 혹시 필즈상 메달 본 적 있나요?

도시테우스 음, 옛날에 책에서 한 번 본 것 같아요. 그냥 메달이랑 비슷했던 것 같은데요?

필즈상 메달

폴리비우스 둥근 모양의 메달 비슷하죠. 그런데 메달을 자세히 보면 거기에 바로 아르키메데스 씨가 숨어 있어요. 아르키메데스 씨가 묘비에 새긴 그림이 그 메달의 뒷면에 새겨져 있지요. 그리고 앞면은 아르키메데스의 얼굴이에요. 필즈상이 아르키메데스 씨가 죽고 난 뒤 생긴 상이니까 아르키메데스 씨는 후보도 될 수 없었죠. 하지만 메달에 아르키메데스 씨의 얼굴과 업적을 새겨 넣었다는 것은 어쩌면 필즈상의 1대 수상자는 아르키메데스 씨인 것이나 마찬가지 아니겠어요? 메달 속 주인공이 내 눈앞에 있다니……. 난 아직도 믿지 못하겠어요.

아르키메데스의 아버지 허허허. 내 아들이 그렇게 대단한 사람이었다니 놀랍군요. 아르키메데스는 어렸을 적부터 수학이나 과학에 관심이 많았어요. 난 천문학자였기 때문에 항상 아들을 데리고 별을 보러 다니곤 했는데, 가끔씩 지루해질 때마다 바닥에 이것저것 그려놓고 나에게 자랑하기 일쑤였죠. 그리고 항상 자신의 생각을 또박또박 말하곤 했어요. 그런 꼬맹이 아르키메데스가 지금

이렇게 다른 사람들의 존경을 받으니 뿌듯한데요?

한서　우와~! 어렸을 때의 아르키메데스 아저씨
라……. 상상할 수 없는데요? 어렸을 때 얘기 더
해 주세요.

아르키메데스의 아버지　그러죠. 어렸을 때 아르키
메데스는 엄마랑 자주 티격태격했어요. 그 이유는
모두가 수학 때문이었어요. 아르키메데스가 먹지고, 씻지
도 않고 방에 틀어박혀서 오로지 수학책만 보고 있으니 엄
마는 화가 날 수밖에 없죠. 밥상을 차려놓으면 항상 10번
은 불러야 '네~' 하는 대답이 나온다니까요. 그리고 하루는
친구들에게 놀림을 받고 울면서 왔기에 그 이유를 물어보
았더니, 수학 공부를 하느라 너무 안 씻어서 몸에서 냄새가
나서 친구들이 놀렸다고 하더라고요. 그만큼 한 가지 일에
집중하면 누가 업어가도 모를 정도였어요. 하하.

아르키메데스 하하. 내가 어렸을 때 그랬나요? 나도 처음 들어본 얘기이군요. 아~! 여기 나를 가장 아껴주셨던 분이 와 계시네요. 히에론 왕님, 오랜만이에요. 내가 젊었을 때 나에게 참 잘해 주셨었는데……

히에론 왕 허허. 반갑소 아르키메데스. 나야말로 아르키메데스를 다시 만나게 되어 영광이오. 내가 시라쿠사를 다스리고 있던 시절 당신이 없었다면 난 이름도 모를 왕이었을 것이오. 하지만 로마와의 전쟁 때 내 나라와 나를 위해 여러 가지 전술과 무기 등을 만들어 주었잖소. 다음을 보세요. 이것 외에도 햇빛을 모아서 로마군의 배를 불태우기도 했다오. 아르키메데스가 우리의 영웅이었죠.

한서 와~ 정말 대단한데요. 히에론 왕이 아르키메데스를 아낄 수밖에 없었겠어요. 정말 놀라워요. 이런 것들이 다 수학, 과학의 원리들을 이용한 것이라니, 수학이나 과학이 생활에 많이 필요하군요. 아니, 아니~ 내가 전쟁무기를 만들겠다는 것은 아니에요. 하지만 그 시절에

아르키메데스는 시라쿠시아 호라는 그 시대로서는 엄청난 크기의 배를 만들었죠. 이 배는 크기도 컸지만 아주 튼튼하고 다양한 전술을 구사할 수 있도록 설계되었어요.

이것은 아르키메데스가 만든 물을 퍼 올리는 기계인데, 일명 스크루라고 해요. 이때의 배들은 대부분 물 위에 오래 떠 있으면 배 바닥에 물이 고이게 되어 사람들이 직접 퍼 올렸죠. 하지만 이 기계는 물을 저절로 퍼 올렸어요. 한 사람이 위의 손잡이를 돌려주기만 하면 되죠. 그래서 엄청 인기 있는 기계였어요.

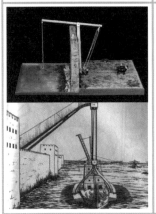

이것은 기중기라고 하는데, 아르키메데스가 만든 형태이죠. 이것은 성 안에서 성 밖에 있는 배들을 들어서 부수어 버리는 기구였어요. 소 몇 마리가 끌면 어떠한 크기의 배도 달랑 들어 올려져서 산산이 부서지곤 했답니다.

이것은 투석기인데, 스프링을 이용해서 무거운 돌이나 불덩어리를 멀리 있는 적지에 던지는 기구이죠. 이것도 아주 쉽게 사용할 수 있었고, 적군에게 아주 위협적인 무기였죠.

는 전쟁에서 이기는 것이 생활을 지켜내는 일이었으니까요.

에라토스테네스 하하. 한서 학생의 얼굴이 붉어졌는데요? 시라쿠사와 로마의 전쟁 때 아르키메데스가 큰 활약을 했다는 것은 우리 동네까지도 소문이 자자했어요. 책에서 읽었는데, 이런 아르키메데스의 업적을 기념하기 위해 이탈리아에서는 아르키메데스의 스크루가 그려진 기념우표도 만들었다고 해요. 옛날이나 요즘이나 아르키메데스가 한 일을 소중히 생각하긴 마찬가지인가 봐요.

기념우표

한서 아르키메데스 아저씨! 몇 년 전에 신문에서 아저씨의 책이 발견되었다는 기사를 읽었는데요. 자세히 얘기해 주세요.

아르키메데스 아~ 나의 《방법》이란 책에 대한 얘기이군요. 사실 이것은 책이라기보다는 몇 개의 연구 결과를 정리한 종이뭉치라고 할 수 있어요. 이때는 요즘처럼 깨끗하고 질 좋은 종이가 없었기 때문에, 양피지에 편지를 썼는데요. 이 《방법》이라고 하는 책은 바로 에라토스테네스에게 보낸 편지의 일부예요. 원래 그 책의 제목은 '에라토스테네스에게 보내는 기계학적 정리에 관한 방법'이죠. 짧게 《방법》이라고 부르고요.

양피지에 쓴 글

플라비우스 아! 나도 이 내용을 방송에서 봤어요. 아르키메데스 씨는 지금으로부터 2000년 전 사람이니까 그때 쓴 기록물들이 제대로 보전될 수가 없었죠. 이것은 내가 아르키메데스에 대해 전기를 쓰는 과정에서도 알지 못했던 내용이에요. 원래는 예루살렘의 한 수도원에 있었죠. 왜 수도원에 있었냐고요? 옛날의 양피지는 귀했기 때문에 한 번 쓰고 난 다음에 살살 긁어내서 그 위에 다시 썼거든요. 그런데 아르키메데스가 쓴 글을 어떤 수도사가 긁어내고 그 위에 기도문을 새로 적은 거죠. 그래서 예루살렘의 수도원에 있게 되었어요. 하지만 이것을 발견하게 된 것은 1909년이었어요. 어떤 수학자가 이 기도문을 보고 밑에 희미하게 비치는 아르키메데스의 글을 읽었어요. 이 수학자는 하이베르크였어요. 그가 《방법》을 거의 다 해독했을 때, 이것은 다시 이스탄불로 옮겨졌어요. 그런데 제 1차 세계대전이 있으면서 몇 쪽은 영국에, 몇 쪽은 프랑스에 있게 되었죠. 그리고는 또다시 역사 속으로 잊혀졌어요.

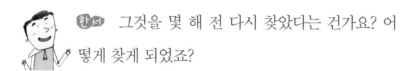

한서 그것을 몇 해 전 다시 찾았다는 건가요? 어떻게 찾게 되었죠?

도시테우스 그것은 내가 알아요. 어떤 사람이 이 사본을 모아서 들고 있었는데, 이름은 밝혀지지 않았죠. 이 사람이 갖고 있다는 소문이 돌았을 때, 전 세계의 수학자들이 모두 그에게 찾아가서 한 번만 보여달라고 했어요. 하지만 이 사람은 수학을 전공한 사람도 아니었기 때문에 그저 귀찮기만 했죠. 그래서 이것을 크리스티 경매에 내놓게 되었어요. 얼마에 낙찰되었을 것 같나요?

아르키메데스의 아버지 내 아들의 것이니 꽤 값이 나갔을 것 같은데…….

도시테우스 맞아요. 바로 200만 달러. 약 20억이라는 큰 돈에 매각되었죠. 이것을 산 사람은 수학자는 아니지만 아주 돈이 많은 사람이었어요. 그는 자기가 돈을 주고 산 것임에도 불구하고 이 책의 복사본을 박물관에 기증했죠. 모든 사람들이 볼 수 있도록 말이에요. 그리고 조심스럽게 그 내용을 해독했답니다. 하지만 몇 백 년 동안 이 나라, 저 나라를 옮겨다녀 상태가 아주 좋지 않았어요. 그래서 모든 첨단기술을 이용하여 이 책을 해독했을 때, 세상은 또 한번 놀라지 않을 수 없었죠.

플라비우스 맞아요. 아르키메데스의 업적이 뛰어나긴 하지만 가장 핵심적인 내용은 이 책에 다 있었거든요. 결과만 알려져 있고 그 과정은 비밀에 묻혀 있던 내용이 밝혀진 거죠. 그런데 놀랍게도 그 과정이 요즘에 나온 수학적 개념이나 원리와 너무나 흡사한 거예요. 그야말로 2000년 전에 이미 아르키메데스는 다 알고 있었다는 얘기죠. 이때 수학자들은 모두 모여서 아르키메데스의 사진만 멍하니 바라보았죠. 너무나 경이로웠기 때문이에요.

아르키메데스 허허, 이거 좀 쑥스럽군요. 나도 《방법》이란 책이 그런 과정을 거친 줄은 몰랐어요. 이왕이면 꾹꾹 눌러서 쓸 걸 그랬네요. 그럼 해독하기 더 쉬웠을 텐데, 하하하!

한서 아르키메데스 아저씨! 정말 놀라워요. 제가 아직 아저씨가 연구한 것을 다 이해하진 못하지만 위에서 배운 원이란 도형에 대해서만큼은 확실히 배웠어요. 이렇게 대단한 분께 직접 배우다니 너무 영광이에요.

원래 꿈은 가수였지만 이제 저도 아르키메데스 아저씨처럼 후대 사람들이 그리워하는 수학자가 되겠어요. 가수도 하고 수학자도 하죠, 뭐.

 하하하하. 다음에 한서 학생이 꼭 수학에 관련된 노래를 부르길 바랄게요. '사랑하는 수학에게 바칩니다.' 이런 제목 정도로요. 하하하!

- 끝 -